V

14738

L'ART DU FUMISTE

ou

MOYENS EMPLOYÉS PAR L'AUTEUR

POUR EMPÊCHER DE FUMER LES CHEMINÉES,

POÊLES ET CALORIFÈRES,

DANS LES MAISONS D'HABITATION ET LES MONUMENTS PUBLICS,

Ouvrage enrichi

De Douze Planches dessinées par l'Auteur, indiquant les procédés à mettre en œuvre et décrivant les objets auxquels ils s'appliquent ;

PAR M. J. FOURNEL,

Fumiste et Entrepreneur de Bâtiments.

PARIS,

CHEZ L'AUTEUR, RUE DAUPHINE, N° 5.

1845.

PARIS. — IMPR. DE J.-B. GROS, RUE DU FOIN SAINT-JACQUES, 18.

PRÉFACE.

L'auteur de cet ouvrage n'est point de ceux qui, ne prenant pour guide qu'une théorie incertaine, se sont bornés à étudier leur art dans les travaux de leurs prédécesseurs, et à contempler la nature à travers les œuvres plus ou moins volumineuses des écrivains qui l'ont devancé dans la même carrière.

L'ouvrage qu'on donne ici au public, fruit d'une expérience perfectionnée par de nombreuses observations et d'une pratique aussi longue que raisonnée, exclut toute considération théorique d'un ordre plutôt spéculatif qu'utile pour se restreindre à l'application usuelle, qui seule peut fournir une solution profitable, aux divers problèmes qu'ils s'est chargé de résoudre. Ce n'est point que ces considérations théoriques ne soient dignes d'estime et d'approbation ; mais elles trouvent naturellement leur place dans une sphère d'idées qui n'est ni de la compétence de notre œuvre, ni de la mission que nous nous sommes assignée.

Dans l'industrie et les arts, ce qu'il faut surtout, c'est de la pratique ; voilà ce que l'auteur offre aux fumistes qui tiennent à parcourir avec honneur et conscience la carrière où ils sont entrés ; c'est ce qu'il offre aux architectes et aux propriétaires, qui désirent, sous le rapport si important du chauffage, mettre leurs habitations dans les meilleures conditions possibles. Sans doute, on a déjà beaucoup fait sur l'art du poêlier-fumiste ; mais combien encore ne reste-t-il pas à faire ! Cet ouvrage est destiné à remplir la lacune que l'art dont nous nous occupons laisse entrevoir depuis trop longtemps. Il ne s'agit donc point ici d'un recueil plus ou moins complet des découvertes anciennes ou modernes par lesquelles des savants, du fond de leur cabinet, auraient cherché à réglementer les cheminées dont l'économie et les détails ne leur étaient connus qu'approximativement ; il ne s'agit pas d'une nomenclature plus ou moins exacte des brevets d'invention obtenus, ou à obtenir, pour des appareils plus utiles à ceux qui les inventent qu'à ceux qui en voudraient faire usage. L'auteur, depuis longtemps fumiste et entrepreneur de bâtiments, a voulu se rendre utile aux diverses classes de la société, et il a cru y réussir par un simple recueil , où il énumérerait et décrirait les constructions d'intérieurs de cheminées , et les appareils qu'il a employés dans sa pratique, sans avoir jamais vu le résultat démentir un seul instant ses espérances. Ces constructions diverses, étudiées et éprouvées sous l'influence de tous les climats, sous les différentes vicissitudes des saisons, ne lui ont rien laissé à désirer ni au point de vue de la convenance, ni sous le rapport de l'efficacité.

Toutefois, si l'auteur ne s'était proposé que ce but et n'avait songé qu'à le réaliser, il n'aurait accompli que la moitié de son œuvre : en indiquant le remède, il devait signaler la cause du mal et combattre avec énergie non-seulement les défauts des constructions fumifuges, mais encore l'ignorance de ceux que de nombreuses déceptions n'en ont pas encore dégoûtés. La plupart des personnes qui s'occupent de fumisterie ne suivent effectivement qu'une routine aveugle ; si quelques rares succès viennent de temps en temps couronner leurs efforts, il leur arrive plus souvent encore, par une compensation funeste, d'échouer complétement après des frais considérables, et toujours sans savoir pourquoi. Ainsi, la réussite, ne se produisant qu'à de longs intervalles, n'est pas assez fréquente pour les dédommager de leurs échecs, et a, de plus, l'immense inconvénient de les arrêter dans la voie des investigations, seule capable de leur épargner à l'avenir les erreurs qui causèrent leurs mauvais succès.

Avec cet ouvrage, tout homme intelligent reconnaîtra sans peine les causes qui font fumer les cheminées, poêles et calorifères et aura à sa disposition les moyens sûrs d'y remédier sans le moindre tâtonnement.

Quant aux plans et à la coupe de cet ouvrage, la simplicité qui y préside nous dispensera de trop longs détails :

Au commencement se trouve la discussion des causes qui font fumer les cheminées, poêles, calorifères, et l'indication des remèdes qu'on y doit apporter ;

Puis vient l'explication des constructions d'intérieurs de cheminées, poêles, calorifères et appareils fumifuges. Ces explications en indiquent les côtes, ce qui donne la possibilité de les construire sans autre instruction spéciale ;

A la fin, sont placées les planches qui représentent ces constructions jusque dans le moindre détail, car elles ont été dessinées sur une assez grande échelle, pour que les plus petits éléments y soient facilement aperçus.

Voilà l'œuvre que nous présentons avec confiance aux propriétaires, aux architectes, aux fumistes, aux entrepreneurs de bâtiments, à tous ceux, enfin, qui s'occupent de fumisterie, parce que nous sommes certains qu'ils y trouveront de quoi satisfaire à toutes les nécessités qui jusqu'à présent ont mis un obstacle presque insurmontable aux progrès, de la fumisterie obstacle plus fâcheux qu'on ne le pense puisqu'il met trop souvent en péril la salubrité des habitations et ne nuit pas moins à la santé qu'à la commodité publiques. Si cet ouvrage se répand, s'il obtient la faveur publique à laquelle nous sommes convaincus qu'il a un droit incontestable, nous croirons avoir rempli non-seulement la tâche d'un bon artiste, mais aussi, et par-dessus tout, l'œuvre d'un bon citoyen.

ÉTUDE

DES CAUSES QUI FONT FUMER LES CHEMINÉES

ET

DES REMÈDES

QU'IL CONVIENT D'Y APPORTER.

Première cause.

LE DÉFAUT D'AIR.

L'air, sans lequel la combustion ne peut s'opérer, sort par la cheminée dès qu'il a été échauffé ; il faut donc qu'à chaque instant l'air venant de l'extérieur remplace celui que la combustion a fait disparaître : car l'air contenu dans la chambre, quelque vaste qu'elle soit, ne peut suffire à la combustion, qui, dans l'espace d'une heure, consomme, pour une cheminée ordinaire, environ 2,000 mètres cubes d'air. Bien plus, si la combustion ne s'entretenait que par l'air de la chambre où elle a lieu, il ne tarderait pas à s'y faire un vide qui exigerait, dans les cheminées, une force de tirage dont elles seraient incapables.

Lorsque ni les fentes des portes ou des fenêtres, ni un conduit pratiqué à cet effet, ne peuvent fournir l'air nécessaire, celui qui est à l'extérieur se dilate aussitôt, réagit sur le haut de la cheminée, et précipite à l'instant la fumée dans la chambre.

Le tuyau d'une cheminée est analogue à un jet d'eau : celui-ci ne peut fonctionner qu'autant qu'il arrive par un des bouts du tuyau de l'eau nouvelle pour remplacer celle qui s'échappe par le jet. Si le bout du tuyau est terminé par une boule percée d'un petit orifice à sa partie supérieure, et qu'on ferme ce trou, le jet cessera aussitôt, car il ne pourra plus être alimenté par l'eau contenue dans la boule.

De même, pour toute cheminée, s'il n'y a pas de conduit amenant l'air de l'extérieur, ou si l'on ferme subitement ce conduit, l'équilibre de la colonne d'ascension est détruit aussitôt, et l'air extérieur réagit pour entrer par le sommet du tuyau dans la chambre.

On comprend, par conséquent, que, pour toute cheminée, il faut un conduit qui amène l'air de l'extérieur et le verse dans la cheminée.

Vouloir que, dans une chambre bien close, une cheminée, sans conduit qui amène de l'air de l'extérieur, ne fume pas, c'est demander l'impossible.

Remède.

Pour reconnaître si une cheminée fume par défaut d'air extérieur, il faut peu à peu ouvrir une porte ou une fenêtre ; si cette ouverture favorise le tirage et empêche la rentrée de la fumée dans la chambre, on peut être certain que la cheminée ne fume que par défaut d'air.

Pour évaluer la quantité d'air dont l'introduction est indispensable à un bon tirage, on mesure quelle est l'ouverture de la porte qui empêche la fumée de rentrer; on multiplie la hauteur de la porte par cette ouverture, puis on y ajoute le produit de sa largeur multipliée par la moitié de l'ouverture, pour tenir compte de l'air qui entre par le dessus de la porte.

Supposons que la porte ait une ouverture de 12 millimètres, une hauteur de 2 mètres sur 1 mètre de largeur.

L'ouverture latérale de la porte est égale à 2 mètres multipliés par 0,012 millimètres ou 240 centimètres carrés pour l'ouverture du dessus de la porte, c'est 1 mètre multiplié par 0,006 millimètres, ou 60 centimètres carrés; en tout 300 centimètres carrés d'ouverture pour l'entrée de l'air : ce qui fait un carré de 17 centimètres 3 millimètres de côté. Cette supposition est un peu forte pour les cheminées de chambres, et trop faible pour les cheminées de cuisines, qui ont besoin d'un conduit d'air dont l'ouverture forme un carré de 17 à 20 centimètres de côté; car, pour une cheminée ordinaire de chambre, 1 décimètre carré à 1 décimètre et demi carré suffit pour un bon tirage.

Il n'est pas nécessaire, comme on le voit, que l'ouverture du conduit qui amène l'air de l'extérieur soit aussi grande que celle du tuyau d'ascension, car la vitesse de l'air qui arrive est supérieure à celle de la fumée qui sort par le tuyau; conséquemment le canal qui amène l'air, quoique plus petit que le tuyau, ne débite pas moins.

Au reste, l'ouverture du conduit peut être d'autant plus petite, que le tuyau de la cheminée a une plus grande hauteur; car, plus une cheminée est élevée, plus la vitesse de la fumée y est considérable.

Après qu'on aura ainsi reconnu que la cheminée fume par défaut d'air, et lorsqu'on aura mesuré, comme il vient d'être dit, la quantité d'air qu'il y faut introduire, il s'agira de savoir comment devra s'opérer l'introduction de cet air venant de l'extérieur.

Il est évident qu'il n'y a pas à compter, pour l'entrée de l'air, sur les fentes que peuvent avoir les portes ou les fenêtres; car, outre que ces ouvertures sont le plus souvent insuffisantes, l'air qui arrive ainsi dans la chambre incommode les personnes qui s'y trouvent, et donne lieu à ce qu'on appelle *vents coulis*.

On a quelquefois introduit l'air extérieur par des canaux conduits dans les jambages de la cheminée, et dont l'issue était dirigée en haut.

On a aussi pratiqué des ouvertures dans la partie supérieure du tuyau d'ascension de la cheminée.

Mais ce dernier moyen est complétement inefficace.

En effet, l'air qui arrive par ces ouvertures refroidit la fumée en s'y mêlant, affaiblit la force de tirage due à la hauteur de la cheminée, et a, de plus, l'inconvénient de ne pas renouveler l'air de la chambre.

On a aussi pratiqué des percées appelées *vasistas*. Ce moyen est plus pernicieux encore que celui dont nous venons de parler, puisqu'il introduit dans la chambre une plus grande quantité d'air froid; il est donc parfaitement inutile de s'y arrêter plus longtemps.

Pour remédier à tous ces défauts, il convient que l'air dont on a besoin soit introduit dans la chambre pour remplacer celui qui s'échappe par le tuyau de la cheminée; il faut surtout qu'il y arrive assez chaud pour ne pas incommoder.

Le moyen le mieux approprié à ce but, est celui indiqué dans la Planche I re, pour les cheminées de cuisines. L'air extérieur arrive par un canal passant sous le carrelage ou dans l'endroit le plus commode, en évitant toujours, s'il est possible, que l'ouverture soit au midi; de là, il pénètre sous l'âtre et remonte ensuite en partie entre deux tablier, d'où il sort en lame mince et soufflante, pour venir activer la combustion.

Un autre partie de cet air s'élève par un conduit pratiqué sur le côté de la cheminée et s'échappe à la hauteur du plafond.

Dans les Planches II et III, l'air arrive par un canal pratiqué à cet effet, et circule derrière la plaque de fonte du contre-cœur, puis il entre dans les deux tabliers et s'en échappe par la fente qu'ils laissent à leur partie inférieure.

En construisant exactement les cheminées comme il est indiqué dans la Planche Ire pour les cheminées de cuisines, dans les Planches II et III pour les cheminées de chambres où l'on brûle du bois, et dans les Planches VI et VII, pour les cheminées où l'on consomme du charbon de terre, on sera certain d'avoir un bon tirage sans aucune rentrée de fumée dans la pièce; il faut aussi que l'ouverture du tuyau d'ascension ait, à la partie inférieure, environ un dixième de plus en largeur que l'ouverture de la partie supérieure. De cette manière, la fumée possède en sortant une vitesse plus considérable, et forme un jet qui parvient avec moins de peine à maîtriser les vents.

Deuxième cause.

TROP GRANDE LARGEUR D'UN TUYAU.

Quand le tuyau d'une cheminée est trop large, l'air qu'il contient ne saurait être suffisamment échauffé par la combustion, et la fumée ne peut avoir un courant ascensionnel assez rapide. Il résulte de là que l'air extérieur tend à pénétrer par le haut de la cheminée, soit au moyen d'un seul courant qui occupe l'un des côtés du tuyau, soit par un double courant qui en envahit les deux parties latérales, tandis que la fumée monte par l'un des deux côtés ou par l'axe du tuyau.

Dans l'un et dans l'autre de ces deux cas, le moindre ralentissement dans la combustion fait rentrer la fumée dans la chambre, car la descente de l'air extérieur par le tuyau refroidit trop la fumée pour qu'un bon tirage puisse avoir lieu. Il résulte de là que la fumée est contrariée dans son mouvement d'ascension, et qu'elle rentre dans la chambre suivant que le feu maintient ou diminue son activité.

Remèdes.

Le remède infaillible à cet inconvénient, c'est de rétrécir le tuyau, 1° dans sa partie supérieure comme l'indique la fig. 1re de la XIe planche; 2° dans sa partie inférieure et à son entrée, par un briquetage en forme de hotte, comme l'indiquent les Planches I, II et III, pour les cheminées où l'on brûle du bois, et dans les Planches VI et VII, pour les cheminées où l'on consomme du charbon de terre.

Il faudra opérer ces deux rétrécissements de telle manière que l'ouverture à la partie supérieure soit d'un dixième environ moindre qu'à la partie inférieure.

L'air appelé par la combustion, s'échauffant beaucoup dans la hotte par le rayonnement du feu; forme, en entraînant la fumée dans le tuyau, un jet qui s'élance jusqu'à la partie supérieure.

Le reste du tuyau autour du jet sera rempli d'une fumée et d'un air qui seront d'une température moins élevée, mais qui, s'échauffant peu à peu par le contact avec le jet d'air chaud et de fumée, finiront ainsi par être entraînés au dehors avec lui.

Troisième cause.

TROP GRANDE EMBOUCHURE D'UNE CHEMINÉE.

Si la cheminée communique avec la chambre où elle est, par une trop haute ou trop large embouchure, tout l'air appelé par le tirage ne passe pas sur le feu, et par conséquent il s'échauffe trop peu pour produire un tirage énergique ; ce défaut de chaleur est cause que le moindre vent suffit pour occasionner des rentrées de fumée dans la chambre.

La force de tirage est, comme on le sait, en raison de la hauteur du tuyau et de l'échauffement de l'air au moment où il y est reçu ; donc, si l'embouchure est bien proportionnée à la dimension du tuyau, tout l'air appelé par la combustion passe sur le feu et s'échauffe autant qu'il est nécessaire pour produire un bon tirage.

Les dimensions de l'embouchure d'une cheminée ne doivent donc pas être déterminées, comme on le prétend, d'après un but de décoration, mais plutôt suivant la hauteur et les dimensions du tuyau de la cheminée. Rien n'empêche cependant de mettre le manteau de la cheminée en harmonie avec la décoration de l'appartement, mais en observant toutefois, dans la construction du foyer et du tuyau, les prescriptions énoncées ci-après.

Remède.

Pour faire disparaître cette troisième cause, il n'est point nécessaire de toucher à l'embouchure de la cheminée, mais seulement d'en rétrécir le foyer et l'orifice inférieur. Ce moyen sera apprécié par tous les propriétaires de maison où existent d'anciennes cheminées.

Ce rétrécissement se fait comme il est indiqué Planches II et III, pour les cheminées où l'on brûle du bois, et Planches VI et VII pour celles où l'on consomme du charbon de terre. On se sert pour cela de briquetages inclinés et de tabliers ; quelle que soit la grandeur de l'embouchure, on peut disposer à l'intérieur les tabliers et les parois latérales du foyer, de façon que tout l'air appelé passe sur le feu et possède ainsi un tirage suffisant.

La disposition des briquetages qui rétrécissent le tuyau doit être en forme de hotte, de manière que le feu rayonne sur l'air qui le traverse et qu'il échauffe autant que possible.

Cette disposition augmente de beaucoup le tirage et empêche la rentrée de la fumée dans la pièce.

(*Voir la description des planches indiquées ci-dessus.*)

Le tirage étant plus énergique, les dimensions du canal qui amène l'air sont fort diminuées : ainsi, pour une cheminée ordinaire de chambre, l'espace qui donne passage à l'air a une surface d'environ 144 centimètres carrés.

L'ouverture du tuyau doit toujours être à la partie inférieure d'un dixième environ plus grande que l'ouverture à la partie supérieure.

De cette manière la fumée en sortant possède une vitesse plus considérable, et forme un jet qui a moins de difficulté à maîtriser les vents.

Quatrième cause.

DÉFAUT DE LONGUEUR DES TUYAUX.

Le tirage d'une cheminée étant en raison de la hauteur de son tuyau, si le tuyau d'une cheminée est trop court, le tirage pourra être si faible que le moindre vent suffira pour refouler la fumée dans la chambre.

Remède.

Le meilleur remède à ce défaut serait de prolonger le tuyau, en maçonnerie ou en tôle, d'une quantité suffisante à un bon tirage.

Si ce moyen est impraticable ou insuffisant, il faut rétrécir l'ouverture du tuyau de la cheminée à la partie inférieure et même, si c'est nécessaire, à la partie supérieure comme il est indiqué dans la Planche XI, fig. 1re, de façon qu'il ne passe sur le feu que la quantité d'air strictement nécessaire à la combustion. Cet air, s'échauffant beaucoup, augmente de légèreté ; de là, un tirage plus énergique, par conséquent, l'influence des vents sera moins à craindre : il est bon, toutefois, il est même souvent indispensable d'ajouter à ce moyen l'emploi de l'appareil fumifuge à couronne, indiqué Planche X, fig. 5, 6 et 7. Cet appareil annule complétement l'influence des vents sur le sommet du tuyau de la cheminée. Mais il ne parviendra à ce but que si l'ouverture de son tuyau principal a un dixième de moins que celle du tuyau de la cheminée immédiatement au-dessus de l'âtre.

L'inconvénient de tuyaux trop courts se rencontre dans les bâtiments peu élevés où, de crainte que le tuyau ne soit renversé, on ne l'élève que très-peu au-dessus des toits.

Il se rencontre aussi, pour les étages supérieurs et les mansardes, dans les bâtiments qui ont une grande hauteur

Cinquième cause.

DÉGORGEMENT D'UN TUYAU DANS UN AUTRE.

Si deux cheminées marchent ensemble, il arrive qu'au point de rencontre des deux tuyaux la fumée de la cheminée qui a le plus grand tirage gêne la fumée de l'autre dans son ascension.

Il est évident que la cheminée qui aura le plus fort tirage sera la cheminée inférieure, par la raison que le tuyau qui vient y dégorger forme un appel qui s'ajoute au tirage naturel de la cheminée inférieure ; donc, quand les deux cheminées sont en activité, le tirage de la cheminée supérieure devient moins considérable, et la fumée qui s'y trouve se rabat nécessairement dans la chambre.

Si l'une des cheminées a seule du feu, la fumée qui y monte, arrivée dans le tuyau commun, y formera un appel ascendant d'air extérieur qui refroidira la fumée de la cheminée en activité, d'où résultera une diminution de tirage pour la cheminée inférieure ou supérieure, suivant que l'une ou l'autre aura du feu, et, par suite, une rentrée possible de la fumée dans la chambre.

Remède.

Si le tuyau commun est assez grand, on le divise, à partir du point de rencontre, en deux tuyaux distincts, pour chaque cheminée, au moyen d'une languette ; il faut, pour chacun de ces tuyaux, que l'ouverture, à la partie supérieure, soit d'un dixième environ moindre que celle de la partie inférieure,

Si le tuyau commun paraissait trop petit, ce qui est rare, on ferait cependant encore la languette, mais aussi mince que possible, et on rétrécirait le bas de chacun des tuyaux, de manière à avoir toujours entre les ouvertures supérieures et les inférieures le rapport indiqué précédemment.

Sixième cause.

INFLUENCE QU'EXERCE LE TIRAGE SUPÉRIEUR D'UNE CHEMINÉE SUR UNE OU PLUSIEURS AUTRES.

Si, dans une chambre bien close, on a deux cheminées, celle dont le tirage sera le plus considérable attirera la fumée de l'autre, dans laquelle il se formera ainsi un courant descendant qui amènera la fumée dans la chambre; si les deux cheminées, au lieu d'être dans la même pièce, sont dans deux chambres différentes, l'effet sera le même, si une communication s'établit entre les deux chambre.

Une cheminée d'un étage quelconque peut, par la même raison, contre-balancer le tirage de plusieurs cheminées situées aux autres étages, quand les portes des pièces donnant sur l'escalier sont ouvertes momentanément, et que cet escalier est fermé en bas par une porte bien close.

Remède.

Cette sixième cause disparaîtra, si l'on fait en sorte que chaque chambre ait le moyen de fournir à la combustion et au tirage de sa cheminée tout l'air nécessaire, sans en emprunter à une chambre voisine et sans être obligé d'en fournir à une autre cheminée. On y parvient sûrement en disposant chaque cheminée comme l'indiquent les Planches IV et V pour la consommation du bois, et la Planche VIII pour l'emploi du charbon de terre. L'air de l'extérieur arrive d'abord derrière la plaque de contre-cœur; de là il circule en partie derrière la plaque de fonte et passe ensuite dans une batterie de tuyaux, en fer fondu ou en tôle, placée dans le fond du foyer. Cette batterie communique l'air à deux bouches de chaleur placées sur le côté des montants de la cheminée; l'autre partie de l'air arrivant de l'extérieur passe dans l'intervalle de deux tabliers, et de là est introduite dans le foyer.

Mais comment apprécier la quantité d'air qu'il faudra faire arriver? En ouvrant assez une porte ou une fenêtre de l'appartement, pour que les deux cheminées, dont l'une aura un feu plus considérable que l'autre, aient toutes les deux un excellent tirage, et en donnant au conduit qui amènera l'air extérieur environ un cinquième de plus que la dimension indiquée par l'ouverture de la porte, à l'ouverture de la batterie, un cinquième de moins qu'au conduit, et au diamètre des bouches, considérées dans leur ensemble, un cinquième de moins qu'à l'ouverture de la batterie.

Ainsi les bouches donneront dans la chambre un jet d'air chaud qui suffira pour maintenir l'équilibre de la colonne d'ascension, tandis que l'air qui sortira entre les tabliers, en lame mince et soufflante, servira à l'entretien de la combustion.

Deux cheminées ainsi construites dans une même pièce, ou dans deux pièces qui communiquent entre elles, ne se contre-balanceront pas; car chaque cheminée recevra, de l'extérieur dans le foyer même, par la fente des tabliers, l'air nécessaire à la combustion; les bouches en fourniront assez pour maintenir l'équilibre de la colonne d'ascension, et il en viendra d'autant plus que le tirage sera plus énergique : par conséquent, si l'une des cheminées tire mal et que l'autre tire beaucoup, celle-ci enverra de l'air dans la chambre par ses deux bouches et par ses tabliers, et suffira ainsi à son tirage, sans avoir besoin d'emprunter de l'air à la cheminée qui tirera mal.

On peut aussi empêcher le contre-balancement de deux cheminées, en réunissant leurs tuyaux en un seul à la partie supérieure; car, dans ce cas, il y a dans le tuyau commun un tirage qui empêche tout courant d'air froid descendant, surtout si l'on a soin, comme on doit toujours le faire, de donner à l'ouverture supérieure du tuyau commun un dixième environ de moins qu'à la somme des ouvertures des deux tuyaux, au-dessus du foyer (*Voir* Planche XI, fig. 11). Mais cette réunion des deux tuyaux ne peut avoir lieu, comme on le conçoit facilement, que lorsque les tuyaux sont assez près l'un de l'autre.

Septième cause.

ADOSSEMENT DU TUYAU D'UNE CHEMINÉE A UN MUR OU A UN BATIMENT PLUS ÉLEVÉ CONTRE LEQUEL SOUFFLE LE VENT.

Supposons un bâtiment ou un mur dont un côté est exposé au vent qui, en cherchant à s'y frayer un passage, y glisse dans toutes les directions. Si, non loin de là, se rencontre un tuyau de cheminée, le vent s'y précipite, et la fumée de cette cheminée sera refoulée dans la chambre toutes les fois qu'il y aura du feu et que le vent soufflera contre le mur qui domine le tuyau.

Remède.

La mesure la plus naturelle, dans cette circonstance, serait d'élever le tuyau de cheminée au-dessus du bâtiment ou du mur qui le domine; mais cela n'est pas possible dans tous les cas. On a quelquefois employé une gueule de loup, mais elle est complétement sans effet, car le vent tend à s'engouffrer de haut en bas dans toutes les directions.

Le meilleur parti à prendre est d'éloigner du mur le tuyau, comme il est indiqué planche XI, fig. 2, et de mettre sur le sommet du tuyau l'appareil fumifuge à couronne représenté dans la planche X, fig. 5, 6, 7, après en avoir enlevé la girouette.

Le vent qui tend à s'engouffrer dans le tuyau glisse sur le champignon supérieur de cet appareil, et, à cause des plaques de recouvrement, ne peut pénétrer dans les ouvertures ménagées pour donner issue à la fumée.

Il faut aussi avoir soin de pratiquer au bas de la cheminée une bonne ventouse, dont l'ouverture soit, autant que possible, placée du côté du vent.

Ce moyen aura un plein succès si l'on a soin de se conformer aux figures des planches précédentes; et, pour peu que cela semble utile, si l'on ajoute des bouches de chaleur capables d'envoyer dans la chambre assez d'air pour contenir le vent qui tend à s'engouffrer dans le tuyau.

Huitième cause.

EXPOSITION D'UN TUYAU DE CHEMINÉE A UN VENT VIOLENT QUI EN NEUTRALISE LE TIRAGE.

Une cheminée, sur le tuyau de laquelle passe horizontalement un vent qui souffle avec violence, doit avoir un tirage assez énergique pour que la fumée en sortant du tuyau puisse vaincre le vent par sa force d'ascension. Si le tirage n'est pas suffisant, le jet de fumée s'incline et devient presque horizontal; le vent ferme pour ainsi dire le tuyau, aussi le tirage cesse-t-il presque tout à fait, et le vent, venant frapper contre le bord intérieur du tuyau, tend à en suivre les parois intérieures qui l'attirent par leur chaleur;

c'est ce qui fait que le vent s'engouffre dans le tuyau, surtout si ce tuyau ayant un bord supérieur qui ne soit pas horizontal, le côté exposé au vent est un peu plus bas que l'autre.

Si le vent souffle de haut en bas, ce qui peut arriver pour un bâtiment situé dans un lieu enfoncé, il est évident que le vent frappera contre les bords intérieurs du tuyau et produira, en y engouffrant, des rentrées de fumée dans la chambre.

Remède.

Dans quelques localités, on prévient les désagréments de ce genre en évasant le sommet du tuyau de cheminée. Ce moyen peut réussir si la cheminée a un bon tirage, car le vent, frappant sur les bords évasés, est détourné de l'entrée du tuyau.

Mais cette précaution ne saurait suffire si le vent vient un peu de haut en bas, et c'est un cas qui se présente souvent. On peut alors employer le T fumifuge représenté planche XI, fig. 7. Il faut le placer de manière que le vent qui fait fumer frappe contre les calottes qui sont aux extrémités et non contre la barre du T comme on l'a fait quelquefois ; il est évident que, en arrivant de la première manière, le vent s'éloignera du tuyau en frappant contre les calottes, autour desquelles il rayonnera. Donc, si la cheminée a un bon tirage et que le tuyau vertical du T ait une ouverture d'un dixième environ de moins que celle du tuyau au-dessus du foyer, cet appareil suffira souvent pour empêcher que la cheminée ne fume.

On emploie aussi ce qu'on appelle *capote fumifuge*, représentée planche XI, fig. 10, et elle se place dans le sens contraire du T fumifuge.

Elle est d'un usage assez bon.

Un appareil meilleur encore est la gueule de loup représentée planche XI, fig. 8 et 9, elle est très-efficace, à moins que le vent ne tourbillonne ; dans ce cas, il faut employer l'appareil représenté planche X, fig. 5, 6, 7, qui annule l'influence des vents dans quelque direction qu'ils puissent venir.

En effet, cet appareil, par la disposition des ouvertures et des plaques de recouvrement, empêche les vents qui viennent de haut en bas de s'engouffrer dans le tuyau, et le jeu de la girouette, qui fait tourner une plaque semi-cylindrique, bouche les ouvertures placées sous le vent.

Il faut que le tube d'ascension de cet appareil ait une ouverture d'un dixième de moins que celle du tuyau de la cheminée au-dessus du foyer.

<hr>

Neuvième cause.

FUNESTE INFLUENCE D'UNE PORTE SUR UNE CHEMINÉE.

Si la porte et la cheminée sont d'un même côté de la chambre et que la porte, située dans un coin, s'ouvre contre le mur latéral, ce qui la rend moins embarrassante, cette porte n'est pas plus tôt ouverte en partie qu'il se forme un courant d'air contre le mur, et si la cheminée n'a pas, sur le mur, des jambages saillants qui arrêtent le courant d'air et le détournent, le vent passera devant le feu et entraînera de la fumée dans la chambre. Ce phénomène se produit d'autant plus facilement que la porte sera moins ouverte, car le courant est d'autant plus fort que l'ouverture est plus étroite. Si la porte est entièrement ouverte, la rentrée de fumée n'est pas à craindre.

Si la porte est percée dans un mur latéral à celui de la cheminée et qu'elle s'ouvre du côté opposé à la cheminée, l'air, entrant par la porte, est appelé par le feu, il vient frapper contre une des parois intérieures du foyer et peut ainsi entraîner de la fumée dans la chambre.

Remèdes.

On obviera à ce désagrément si l'on met sur le côté du montant de la cheminée qui est exposé au courant d'air, une espèce de petit paravent en tôle ou en toute autre matière qui arrête le courant d'air et qui le fasse entrer directement dans la cheminée, ou plutôt si l'on déplace les gonds de la porte pour la faire ouvrir en sens contraire.

Dixième cause.

L'OUVERTURE OU LA FERMETURE D'UNE PORTE QUAND ELLE A LIEU AVEC PRÉCIPITATION.

Évidemment, en fermant brusquement une porte si elle s'ouvre dans l'appartement, ou en l'ouvrant brusquement si elle s'ouvre en dehors, on forme dans la chambre un vide qui doit être rempli instantanément, d'où résulte un appel de fumée dans la chambre.

Si dans la pièce il y a deux ou plusieurs portes joignant mal, l'ouverture ou la fermeture de l'une d'elles, quelque brusque qu'elle soit, attirera bien moins de fumée dans la chambre parce que les fentes des autres portes ou fenêtres fourniront assez d'air pour remplir le vide formé.

Remèdes.

On empêchera cette rentrée de fumée en ouvrant ou en fermant les portes avec précaution.

Onzième cause.

UNE CHAMBRE PEUT ÊTRE REMPLIE DE FUMÉE QUAND MÊME IL N'Y AURAIT PAS DE FEU
DANS SA CHEMINÉE.

Cette cause qui semble devoir être assez rare ne l'est pas autant qu'on le croirait.

L'état de la température extérieure peut appeler dans une cheminée sans feu la fumée d'une cheminée voisine en activité, si le courant descendant est aidé par une autre cheminée qui attire l'air de la chambre, ou si les portes ou les fenêtres ferment mal, ou s'il y a un courant dans l'escalier qui appelle l'air de la chambre.

Supposons qu'une cheminée soit abritée par des murs ou des édifices, elle conserve sa température intérieure quand même la température de l'atmosphère baisserait d'une manière sensible, alors l'air intérieur du tuyau et de la chambre, étant plus chaud que celui de l'extérieur, s'élève sans peine et forme ainsi un courant ascendant qui n'est pas nuisible; mais si au contraire l'air extérieur devient subitement chaud après un temps froid, l'air du tuyau et de la chambre ayant conservé sa température est plus froid que l'air extérieur, par conséquent l'air du tuyau descend, et l'air extérieur entre dans le tuyau en formant un courant descendant, si, comme il a été dit plus haut, ce courant est aidé soit par une autre cheminée qui appelle l'air de la chambre, soit par l'ouverture d'une porte ou d'une fenêtre.

Alors la fumée de la cheminée voisine, amenée par le vent, pénètre dans le tuyau de cette cheminée et de là dans la chambre où elle est apportée par le courant. S'il n'y a pas de fumée que le courant puisse faire descendre de la sorte, il en proviendra tout au moins une odeur de suie qui, imprégnant l'atmosphère de la chambre, en jaunira les meubles et les tapisseries.

2

Cet effet continue jusqu'à ce que le tuyau soit assez échauffé par l'air qui y afflue de l'extérieur pour que le courant n'ait plus lieu ou bien jusqu'à ce que la température de l'atmosphère ait diminué et soit devenue à peu près égale à celle de l'air de la chambre. Cet effet peut même cesser par la simple fermeture d'une porte au moyen de bourrelets.

La différence de température du jour et de la nuit peut produire aussi ces courants ; ainsi, quand vient le soir, l'air extérieur se refroidit plus vite que l'air intérieur, il se forme donc un courant ascendant qui n'a point de résultat nuisible ; cet effet dure jusqu'au lendemain où le soleil levant échauffe l'air extérieur qui, devenu plus chaud que celui de l'intérieur le chasse hors du tuyau, y pénètre à son tour, s'y refroidit et descend aussi dans la chambre. Il se forme donc de la sorte un courant descendant qui peut amener la fumée d'une cheminée voisine dans la chambre, si l'ouverture d'une porte ou le tirage d'une autre cheminée aide à la formation de ce courant et si le vent amène la fumée sur le tuyau. Si la chambre est bien close le courant descendant aura toujours lieu, car l'air chaud de l'extérieur vient échauffer l'air froid du tuyau, et ce dernier monte d'autant plus qu'il s'échauffe davantage ; ainsi se forment deux courants, l'un montant et l'autre descendant.

Remèdes.

On remédie ordinairement à cet inconvénient par la fermeture complète de la cheminée au moyen d'une trappe à bascule, mais ce moyen a un inconvénient très-grave, c'est que lorsqu'on fait du feu la trappe se voile et ensuite ne peut plus servir.

Voici ce que l'auteur a imaginé pour parer à ce désagrément. Il faut d'abord reconnaître si la fumée vient par le haut ou par des fissures dans le briquetage ou la languette de plâtre qui sépare les deux tuyaux de cheminées ; on y réussira en faisant du feu dans la cheminée d'où provient la fumée, puis on fermera, au moyen d'une planche, la partie supérieure du tuyau de la cheminée où l'on aura fait du feu. Si l'autre tuyau de cheminée se remplit de fumée, c'est une preuve qu'il y a des fissures dans le briquetage ou à la languette qui sépare les deux tuyaux ; dans ce cas il faut chercher les fissures et les boucher.

Si la cheminée reçoit la fumée par le haut de son tuyau, il suffira d'élever le tuyau qui la lui envoie de 1 mètre à 1 mètre 50 centimètres environ au dessus de celui qui la reçoit, comme on le voit planche XI, fig. 1re.

On peut encore empêcher le courant de communiquer avec la chambre, au moyen d'un devant de cheminée garni tout autour de bourrelets ; alors l'effet n'aura lieu que dans le tuyau d'ascension.

Douzième cause.

PROJECTION DIRECTE DES RAYONS DU SOLEIL SUR LE TUYAU D'UNE CHEMINÉE, SURTOUT QUAND CE TUYAU EST ENVIRONNÉ DE MURS OU DE TOITS QUI Y RENVOIENT LA CHALEUR SOLAIRE.

Si le tuyau de la cheminée est ouvert au sommet, et que les rayons solaires en puissent pénétrer l'intérieur, on voit la fumée refluer dans l'appartement.

En effet, les rayons du soleil, entrant dans le tuyau, en échauffent les parois intérieures, où l'air extérieur plus froid arrive dans toutes les directions, pour se mettre en contact avec les bords intérieurs du tuyau que le soleil a réchauffé, et par lequel il refoule la fumée jusque dans la chambre.

Remèdes.

Ce défaut disparaîtra au moyen de l'appareil représenté Planche XI, fig. 3, 4 et 5. Cet appareil doit être construit en briques avec chaux ou plâtre; il faut en bien polir les ouvertures intérieures et éviter d'en noircir aucune partie.

L'expérience a prouvé qu'en construisant cet appareil en tôle, la masse en est tellement échauffée, qu'elle attire tout autour une grande quantité d'air qui en obstrue les ouvertures et empêche la libre émission de la fumée.

L'emploi de cet appareil est aussi d'un usage assez bon pour les cheminées entourées de bâtiments ou d'éminences, et exposées à des coups de vent.

(*Voir* l'explication de l'appareil, Planche XI, fig. 3, 4 et 5.)

Treizième cause.

DÉVOIEMENT OU ENGORGEMENT DU TOYAU.

Les tuyaux dévoyés peuvent servir aussi bien que les tuyaux droits, mais il faut avoir soin de laisser au coude la même largeur que partout ailleurs, et, dans la construction, il faut ménager au coude un trou qui permette de nettoyer le tuyau en cet endroit où le plâtre et la chaux tombent et s'accumulent pendant la construction du tuyau de la cheminée.

Cet amas de plâtre ou de chaux cause en cet endroit un tel rétrécissement, qu'il ne peut y passer ni tout l'air chaud nécessaire, ni toute la fumée produite par la combustion, d'après le rapport établi entre l'ouverture du tuyau à l'endroit du tirage, et celle de la partie supérieure.

Au point où le coude rétrécit le tuyau, il se forme un jet qui, entrant dans un espace beaucoup plus large, ne le remplit pas; la fumée suit alors l'un des côtés du tuyau et permet ainsi à l'air extérieur de former de l'autre côté un courant descendant qui vient jusqu'au coude formant le rétrécissement. Ce courant refroidit le tuyau et le ferme, pour ainsi dire, au-dessus du rétrécissement; de sorte que la partie du tuyau situé au-dessous s'engorge d'une fumée qui finit par rentrer dans la chambre.

Si le feu vient à tomber tout d'un coup après qu'il a été bien vif, le courant descendant d'air froid peut être assez fort pour entrer par le rétrécissement et produire un balancement dans le tuyau jusque sur le feu. Si donc une cheminée ne tire pas bien, et que ce ne soit par aucune des causes précédentes, la véritable sera l'engorgement ou le dévoiement du tuyau.

Remèdes.

Il faut chercher le coude, le nettoyer et l'élargir; si l'élargissement est impraticable, il faut rétrécir assez le bas du tuyau et le foyer, pour que le coude puisse débiter toute la fumée qu'il reçoit.

Quatorzième cause.

DES CHEMINÉES QUI FUMENT LES PORTES OU FENÊTRES OUVERTES OU EXCÈS DU RÉTRÉCISSEMENT D'UN TUYAU A SA PARTIE SUPÉRIEURE.

Dans ce cas, il arrive sur le feu un volume d'air considérable; mais cet air, après s'être échauffé et avoir passé dans le tuyau d'ascension avec la fumée, ne peut être débité par la partie trop rétrécie du tuyau : de là résulte une diminution de tirage, et par conséquent une moindre introduction d'air ; mais, comme les portes sont ouvertes, il arrive toujours assez d'air sur le feu, et la combustion ayant toujours lieu envoie dans le tuyau d'ascension une grande quantité d'air chaud et de fumée, qui, ne pouvant être débitée par la partie trop rétrécie, redescend partiellement et finit par rentrer dans la chambre.

Cette cause est assez fréquente, parce que bien des gens qui s'occupent de fumisterie rétrécissent beaucoup la partie supérieure du tuyau, croyant empêcher l'influence des vents ou d'autres causes ; mais comme ils ne savent pas que l'ouverture du tuyau, à la partie supérieure, doit être dans un certain rapport avec l'ouverture au-dessus du foyer, ils rétrécissent trop le haut, surtout pour les cheminées de cuisine, dont la dimension inférieure est nécessairement fort grande, à cause du service qu'on est obligé d'y faire.

Ces dernières cheminées fumeraient infailliblement, si l'on ne donnait point à l'ouverture de la partie supérieure de leur tuyau un orifice plus grand qu'à celle du tuyau d'une cheminée de chambre.

Remèdes.

On y remédiera, en cherchant la partie rétrécie du tuyau, et la mettant dans le rapport indiqué précédemment par l'explication des Planches I, II et III pour les cheminées où l'on brûle du bois, et des Planches VI et VII, pour celles où l'on consomme du charbon de terre.

EXPLICATION DES PLANCHES.

PLANCHE I.

CONSTRUCTION DE L'INTÉRIEUR D'UNE CHEMINÉE DE CUISINE.

Cette construction comprend :

1° Celle du foyer, qui se compose d'une plaque de fonte élevée de 12 centimètres au-dessus du carrelage, et supportée par des cloisons en briques qui forment sous la plaque de fonte un double passage où circule l'air, arrivant de l'extérieur par un canal pratiqué à cet effet ;

2° De deux tabliers construits en briques ou en planches de plâtre, supportés chacun par une barre de fer carrée de 2 centimètres de côté : la barre supportant le tablier placé par devant est droite sur toute sa longueur ; celle qui supporte le tablier placé derrière le précédent est cintrée à ses deux extrémités et placée à 2 centimètres environ plus bas que celle du tablier de devant. Ces deux barres laissent entre elles une fente de 6 millimètres environ de largeur ;

3° De deux briquetages, dont l'inclinaison a pour but de rétrécir le fond du foyer. Ces briquetages s'élèvent perpendiculairement jusqu'au niveau de la partie inférieure du tablier de devant ; puis ils s'inclinent jusqu'au-dessous de la tablette, en formant une hotte où se fait le tirage pour l'échappement de la fumée dans le tuyau d'ascension.

Entre ces briquetages et les montants de la cheminée reste un vide où passe l'air arrivant de l'extérieur, après avoir passé sous la plaque du foyer. Une partie de cet air monte le long des jambages et vient se verser dans l'intervalle que laissent entre eux les tabliers ; puis il s'échappe dans le foyer en lame mince et soufflante, par la fente que laissent entre elles les deux barres de fer qui supportent ces tabliers.

Cet air glisse, en sortant, le long du dernier tablier, et descend de 4 ou 5 centimètres ; puis il est attiré par la grande chaleur que produit dans la hotte le rayonnement du feu. L'air, ainsi fortement échauffé, s'échappe alors dans le tuyau d'ascension par le rétrécissement qu'y forment les briquetages au-dessus de la hotte.

L'autre partie de l'air monte, le long du tuyau, dans un canal qui verse l'air dans la cuisine par une bouche placée près du plafond.

LÉGENDE EXPLICATIVE DES FIGURES.

FIGURE 1.

Plan au niveau de la plaque du foyer.

E F H I, embrasure naturelle de la cheminée ; L, canal d'air.
B B, briquetages qui rétrécissent le foyer.

FIGURE 2.

Vue de face de la cheminée suivant la ligne 3, 4 de la figure 1.

A, tablier construit en briques ou en planches de plâtre, et supporté par une barre de fer carrée, de 2 centimètres de côté, scellée dans les deux montants B B.

D, tablier placé derrière le tablier A, et supporté par une barre de fer carrée, de 2 centimètres de côté, cintrée à ses deux extrémités, et descendant de 2 centimètres environ plus bas que la barre du tablier de devant A.

K, niveau du foyer.

FIGURE 3.

Plan suivant la ligne 5, 6 de la figure 4, la plaque du foyer étant supposée enlevée.

J J J, canal qui, recevant l'air venant de l'extérieur, le fait circuler sous la plaque du foyer, suivant la direction des flèches, et qui le fait ensuite monter dans le canal L, vu en coupe dans la figure 4.

EFHI, embrasure ordinaire.

FIGURE 4.

Coupe suivant la ligne 1, 2 de la figure 3 pour la partie inférieure du foyer, et par le fond du foyer pour la partie supérieure.

K, plaque en fonte qui forme le foyer, et sous laquelle sont les canaux JJ, où circule l'air, qui monte ensuite, comme l'indiquent les flèches, dans le canal LLLL, placé contre un des montants ; de là, une partie de l'air va dans l'intervalle des deux tabliers et sort dans le foyer, comme l'indique la flèche G.

L'autre partie monte, le long de la cheminée, dans le canal LLL, et s'échappe dans la cuisine par une bouche placée près du plafond.

B B B B, briquetages qui rétrécissent le foyer et forment le tirage au bas du tuyau d'ascension.

FIGURE 5.

Coupe suivant la ligne 7, 8 de la figure 3.

K, plaque de fonte servant de foyer.

J J, canaux d'arrivée de l'air en coupe.

A, tablier de devant.

D, autre tablier placé derrière le tablier A.

C, intervalle des deux tabliers où arrive l'air par le canal LL, comme l'indiquent les flèches, fig. 4.

G, fente de 6 millimètres environ, laissée entre les deux barres qui supportent les tabliers, et par où l'air souffle dans le foyer, pour s'échapper ensuite dans le tuyau d'ascension, suivant la direction des flèches.

PLANCHE II.

CONSTRUCTION DE L'INTÉRIEUR D'UNE CHEMINÉE DE CHAMBRE ORDINAIRE, A PANS COUPÉS.

Cette construction se compose ;

1° D'un conduit qui amène l'air de l'extérieur et le verse dans des passages formés par des cloisons en briques, derrière une plaque en fonte formant le fond du foyer ;

2° De deux tabliers construits en briques ou en planches en plâtre, supportés chacun par une barre en fer carrée, de 2 centimètres de côté.

La barre du tablier placé derrière descend de 2 centimètres environ plus bas que la barre du tablier de devant ; ces 2 barres laissent entre elles une fente de 5 millimètres environ de largeur.

3° Du rétrécissement du foyer, au moyen de deux briquetages montés perpendiculairement jusqu'au niveau du dessous du tablier de devant. Ces briquetages s'inclinent ensuite en avant jusqu'à la hauteur du dessus de la tablette, puis montent perpendiculairement de 14 centimètres environ et s'inclinent de nouveau pour se raccorder avec le tuyau d'ascension.

4° D'une plaque de fonte placée dans le fond du foyer, scellée dans les deux briquetages dont on vient de parler, et inclinée en avant. Derrière cette plaque passe l'air, qui, venant de l'extérieur, va dans l'intervalle des deux tabliers, et qui s'échappe dans le foyer en lame mince et soufflante, par la fente laissée entre les deux barres des tabliers.

L'ensemble des briquetages, celui du tablier placé derrière le tablier de devant, et l'inclinaison de la partie supérieure du fond du foyer, forment une hotte où se fait le tirage pour l'échappement de la fumée dans le tuyau d'ascension. L'air, en sortant de la fente des deux tabliers, descend d'abord de 4 à 5 centimètres, puis remonte, attiré par la grande chaleur que produit dans la hotte le rayonnement du feu, et s'échappe ensuite dans le tuyau d'ascension, entraînant avec lui la fumée.

LÉGENDE EXPLICATIVE DES FIGURES.

FIGURE 1.

Plan au niveau du carrelage.

DE FG, embrasure ordinaire de la cheminée.

B B , briquetages qui rétrécissent le foyer.

J, plaque en fonte inclinée en avant, comme on le voit en J, figure 5.

H H, passage d'air situé derrière la plaque de fonte du fond du foyer, et communiquant au conduit qui amène l'air de l'extérieur.

FIGURE 2.

Vue de face de la cheminée.

A, tablier de devant en briques ou en planches de plâtre, supporté par une barre de fer carrée, de 2 centimètres de côté, et scellée dans les deux montants BB.

BB, briquetages qui rétrécissent le foyer.

C, tablier placé derrière le tablier A, construit et supporté de la même manière. La barre qui le supporte descend de 2 centimètres plus bas que la barre du tablier du devant, comme on le voit en A D, figure 5.

FIGURE 3.

Plan de l'intérieur de la cheminée avant que les briquetages B B de la fig. 1 soient construits.

D E F G , embrasure de la cheminée.

I I, montants en briques qui forment les parois latérales du conduit d'air ménagé derrière la plaque de fonte du fond du foyer, au moyen de cloisons en briques que l'on voit en H H H H dans la figure 4.

FIGURE 4.

Coupe faite suivant la ligne 1, 2, de la fig. 1 pour la partie inférieure et au-devant de la hotte pour la partie supérieure.

H H H H, conduit d'air formé par des cloisons en briques derrière la plaque du contre-cœur.

K K K K, briquetages inclinés formant la hotte et le rétrécissement de la partie inférieure du tuyau d'ascension et reposant sur les briquetages B B qui rétrécissent le foyer.

I I I I, montant et cloisons en briques qui forment le canal d'air.

FIGURE 5.

Coupe faite suivant la ligne 3, 4 de la fig. 1.

H H H H, conduits d'air formé derrière la plaque de contre-cœur J.

J, plaque de fonte formant le fond du foyer et inclinée en avant.

A, tablier de devant.

C, tablier placé derrière le tablier A.

D, fente de 5 millimètres environ de largeur, laissée entre les barres des deux tabliers et par où l'air arrive dans le foyer et de là dans le tuyau d'ascension en suivant la direction des flèches.

PLANCHE III.

CONSTRUCTION DE L'INTÉRIEUR D'UNE CHEMINÉE DE CHAMBRE ORDINAIRE, A PETITS PANS COUPÉS.

Cette construction se compose :

1° D'un conduit qui amène l'air de l'extérieur et le verse dans un passage pratiqué, au moyen de cloisons en briques, derrière une plaque de fonte qui forme le fond du foyer;

2° Du rétrécissement du foyer au moyen de deux briquetages qui en forment intérieurement les parois latérales, et qui montent perpendiculairement jusqu'au-dessous du tablier de devant. Ces briquetages s'inclinent ensuite jusqu'au-dessous de la tablette, et, de ce point, montent perpendiculairement de 14 centimètres environ de hauteur, puis s'inclinent de nouveau pour se raccorder avec le tuyau d'ascension ;

3° D'un encadrement en tôle ou en fer autour duquel viennent s'ajuster les deux petits pans coupés et le tablier de devant ;

4° D'un tablier construit en briques ou en planches de plâtre, placé derrière le tablier de devant et supporté par une barre de fer carrée de 2 centimètres de côté, qui descend de 2 centimètres environ plus bas que le dessous de l'encadrement en laissant entre elle et lui une fente de 5 millimètres environ de largeur ;

5° D'une plaque de fonte composant le fond du foyer, et derrière laquelle des cloisons de brique forment un conduit par lequel l'air, venant de l'extérieur, est amené dans l'intervalle des deux tabliers, d'où il sort par la fente laissée entre le dessous de l'encadrement et la barre de fer qui supporte le tablier placé par derrière.

L'ensemble des briquetages inclinés et du tablier placé derrière celui du devant forme une hotte où se fait le tirage pour l'échappement de la fumée dans le tuyau d'ascension.

En sortant par la fente laissée entre le cadre et le tablier placé par derrière, l'air descend d'abord de 4 ou 5 centimètres, puis remonte attiré par la grande chaleur que produit dans la hotte le rayonnement du feu.

L'air s'échappe enfin par le tuyau d'ascension en entraînant la fumée avec lui.

LÉGENDE XPLICATIVE DES FIGURES.

FIGURE 1.

Plan au niveau du carrelage.

J K L M, embrasure ordinaire de la cheminée.

II, pans coupés en briques non recouvertes de plâtre. Ces pans coupés ont pour but le rétrécissement du foyer.

B B, petits pans coupés construits en brique, en plâtre, en faïence ou en stuc.

P P, encadrement en tôle ou en fer, sur lequel s'ajustent les deux petits pans coupés et le tablier de devant A de la fig. 2.

F, plaque de fonte inclinée en avant comme on le voit en F fig. 5.

E E, conduit d'air formé derrière la plaque et dans lequel arrive l'air de l'extérieur par un canal pratiqué à cet effet.

FIGURE 2.

Vue de face de la cheminée, suivant la ligne 1, 2 de la fig. 1.

B B, petits pans coupés, qui forment avec le tablier A le devant du foyer.

P P P, encadrement scellé dans le carrelage du foyer.

A, tablier qui s'ajuste comme les petits pans coupés sur l'encadrement P P P.

F, plaque de fonte du contre-cœur.

II, pans coupés qui forment les côtés de l'intérieur du foyer.

S, barre de fer qui supporte le tablier derrière le tablier A.

FIGURE 3.

Plan au niveau du carrelage avant la construction des briquetages et des petits pans coupés.

J K L M, embrasure ordinaire de la cheminée.

H H, montants en briques composant les parois latérales du conduit d'air ménagé derrière la plaque de fonte qui forme le fond du foyer.

FIGURE 4.

Coupe faite suivant la ligne 5, 6, de la fig. 1, pour la partie inférieure, et au devant de la hotte pour la partie supérieure.

H H H H H H, montans et cloisons en briques qui forment avec la plaque de fonte du contre cœur le conduit qui fait circuler l'air arrivant de l'extérieur suivant la direction des flèches.

T T T T, briquetages inclinés formant la hotte et le rétrécissement du tuyau d'ascension et montés sur les briquetages I, I de la fig. 1, qui rétrécissent le foyer.

O, rétrécissement du tuyau d'ascension.

E E E, conduit qui fait circuler l'air derrière la plaque de contre-cœur.

FIGURE 5.

Coupe faite suivant la ligne 3, 4 de la fig 1.

E E E E, conduit d'air derrière la plaque de fonte de contre-cœur.

F, plaque de fonte inclinée formant le fond du foyer.

A, tablier de devant appuyé sur l'encadrement et ajusté à onglets sur les deux petits pans coupés B.

S, tablier placé derrière le tablier A et supporté par une barre en fer carrée de deux centimètres de côté qui descend de deux centimètres environ plus bas que le dessous de l'encadrement.

Q, intervalle des tabliers.

R, fente de cinq millimètres environ de largeur laissée entre le cadre et la barre du tablier S et par laquelle l'air souffle dans le foyer et monte dans le tuyau d'ascension, suivant la direction des flèches en entraînant la fumée avec lui.

P, encadrement.

I, briquetages qui rétrécissent le foyer.

O, rétrécissement du tuyau d'ascension.

PLANCHE IV.

CONSTRUCTION DE L'INTÉRIEUR D'UNE CHEMINÉE CALORIFÈRE A PETITS PANS COUPÉS.

Elle se compose :

1° D'un conduit qui amène l'air de l'extérieur et le verse dans un passage formé par une cloison en briques sous une plaque de fonte qui sert de foyer. Cette plaque porte une rainure à rebords saillants, dans laquelle vient s'ajuster une pièce en fonte portant au-dessus deux manchettes ;

2° D'une batterie en tuyaux de tôle ou de fonte, placée dans le fond du foyer et qui vient s'assembler sur les deux manchettes de la pièce de fonte dont on vient de parler.

Cette batterie se compose de trois tuyaux d'égal diamètre ; le dernier porte deux manchettes sur les-

3

quelles s'ajustent, au moyen de coudes, deux tuyaux qui communiquent à deux bouches de chaleur placées sur les côtés des montants de la cheminée et qui lancent dans l'appartement l'air venant de l'extérieur, qui s'est échauffé par sa circulation sous la plaque du foyer et dans la batterie ;

3° D'un encadrement en cuivre jaune poli sur lequel viennent s'ajuster trois panneaux de faïence dont l'un forme le tablier de devant, et les deux autres, les deux petits pans coupés.

L'encadrement et ces trois panneaux forment ensemble le devant du foyer.

4° Du rétrécissement du foyer au moyen de deux briquetages montés perpendiculairement jusqu'au niveau du dessous de l'encadrement, s'inclinant ensuite jusqu'au-dessous de la tablette de marbre, et, de ce point, montant perpendiculairement à douze centimètres de hauteur environ, puis s'inclinant de nouveau pour se raccorder avec le tuyau d'ascension.

5° D'un tablier construit en briques ou en planches de plâtre placé derrière le tablier de devant et supporté par une barre en fer carrée de deux centimètres de côté, et descendant de deux centimètres environ plus bas que le dessous du cadre. Entre l'encadrement et la barre de ce tablier on ménage une fente de cinq millimètres environ de largeur.

L'ensemble de ce tablier et des briquetages inclinés forme une hotte où se fait le tirage pour l'échappement de la fumée dans le tuyau d'ascension.

L'air arrivant de l'extérieur circule sous la plaque du foyer et derrière la plaque de fonte qui porte les manchettes d'assemblage pour la batterie, puis une partie de cet air monte par les manchettes dans la batterie, et s'échappe dans l'appartement par les bouches de chaleurs placées sur les côtés des montants de la cheminée, comme il est expliqué à l'article 2.

L'autre partie de l'air extérieur, venant par le canal placé sous le foyer, est conduit au moyen d'un canal vertical construit exprès, dans l'intervalle des deux tabliers d'où il sort par la fente ménagée entre le cadre et la barre du tablier placé par derrière.

L'air, en sortant par cette fente, descend d'abord quatre ou cinq centimètres dans le foyer, puis il remonte attiré par la grande chaleur que produit dans la hotte le rayonnement du feu. Il s'échappe enfin par le tuyau d'ascension en entraînant avec lui la fumée.

LÉGENDE EXPLICATIVE.

FIGURE 1.

Plan au niveau du carrelage, la plaque du foyer étant enlevée et les briquetages non construits.

H X Y Z, embrasure ordinaire de la cheminée.

E, E, montants en briques qui forment les parois latérales du conduit pratiqué derrière la pièce de fonte qui porte les manchettes sur lesquelles s'ajuste la batterie.

O O, canal ménagé sous la plaque du foyer et qui reçoit l'air venant de l'extérieur.

N, cloison en briques qui force l'air à circuler dans ce canal comme l'indiquent les flèches.

FIGURE 2.

Plan au niveau de la ligne 3, 4 de la fig. 4.

O O, canal pratiqué derrière la pièce en fonte P à manchettes, et qui reçoit l'air venant de l'extérieur après qu'il a circulé sous la plaque du foyer.

P, pièce en fonte qui porte deux manchettes, sur lesquelles vient s'ajuster la batterie, comme on le voit en PM, fig. 5. H X Y Z, embrasure ordinaire de la cheminée.

B B, briquetages qui rétrécissent le foyer.

C C , encadrement en cuivre jaune poli , sur lequel viennent s'ajuster trois panneaux de faïence formant le devant de la cheminée.

I I, petits pans coupés en faïence.

Q , canal vertical qui fait arriver l'air du canal O, O , dans l'intervalle des deux tabliers J de la figure 5.

FIGURE 3.

Vue de face de la cheminée.

B B , briquetages qui rétrécissent le foyer.

I I , petits pans coupés en faïence.

A , tablier en faïence , s'appuyant sur le dessus de l'encadrement et ajusté à onglet sur les deux petits pans coupés I I.

K , barre du tablier placé derrière le tablier A.

C C C , encadrement en cuivre jaune poli.

D D D , batterie.

M M , manchettes de la batterie ajustées sur celles de la pièce en fonte P, comme on le voit en P M , figure 5,

VV, Bouches de chaleur.

FIGURE 4.

Coupe faite suivant la ligne 5, 6 de la fig. 2, pour la partie inférieure et au devant de la hotte pour la partie supérieure.

OOO, conduit par où arrive l'air de l'extérieur, après avoir circulé sous la plaque du foyer G.

D D D , batterie.

M M , manchettes de la batterie par où passe une partie de l'air extérieur, arrivant par le conduit OOO, et entrant dans la batterie pour s'échapper ensuite dans l'appartement par les bouches de chaleur VV.

Q Q, canal vertical qui reçoit l'autre partie de l'air venant de l'extérieur et arrivant par le canal OOO. Ce canal verse cet air dans l'intervalle des deux tabliers J de la fig. 5, suivant la direction des flèches.

F F F F, briquetages inclinés formant la hotte et le rétrécissement du tuyau d'ascension, et montés sur les briquetages B B , de la figure 2, qui rétrécissent le foyer.

U , rétrécissement du tuyau à sa partie inférieure.

VV, bouches de chaleur.

TT, tuyaux qui communiquent, d'une part aux bouches de chaleur VV, et de l'autre à la batterie , au moyen des tuyaux et coudes R S R S.

E E , montants en briques.

FIGURE 5.

Coupe faite suivant la ligne 7, 8 de la fig. 2.

G , plaque du foyer.

O O O , conduit pratiqué sous la plaque du foyer et derrière la pièce de fonte qui porte les manchettes, sur lesquelles s'emmanchent celles de la batterie.

M , manchettes de la batterie. R S T, coudes et tuyaux qui font communiquer la batterie DDD avec les bouches de chaleur.

A. Tablier de devant en faïence.

I I. Petits pants coupés aussi en faïence,

B B, Briquetages qui rétrécissent le foye.

K. Tablier en brique ou en planches de plâtre, placé derrière le tablier A, et supporté par une barre en fer, carrée de deux centimètres de côté, qui descend de deux centimètres environ plus bas que le dessous de l'encadrement.

L. Fente de cinq millimètres environ, laissée entre le cadre C et la barre du tablier K, et par où l'air arrive dans le foyer, remonte dans la hotte ; puis s'échappe dans le tuyau d'ascension suivant la direction des flèches.

U. Rétrécissement du tuyau d'ascension.

PLANCHE V.

CONSTRUCTION D'UNE CHEMINÉE CALORIFÈRE A PANS COUPÉS.

Elle se compose :

1° D'un conduit qui amène l'air de l'extérieur et le verse dans des passages ménagés derrière une pièce de fonte placée au fond du foyer, et munie d'une manchette à sa partie supérieure ;

2° D'une batterie de tuyaux de fonte ou de tôle qui s'assemble sur la manchette de la pièce de fonte dont on vient de parler. A la partie supérieure de la batterie sont deux manchettes, sur lesquelles viennent s'assembler des tuyaux et des coudes qui font communiquer la batterie à deux bouches de chaleur placées sur les côtés des montants de la cheminée, et versant l'air chaud dans l'appartement ;

3° Du rétrécissement du foyer, au moyen de deux panneaux en faïence formant les côtés de l'intérieur de la cheminée, et sur lesquels vient s'appuyer une barre en cuivre qui soutient le tablier de devant, aussi en faïence. Au-dessus des deux panneaux en faïence sont montés deux briquetages inclinés jusqu'au dessous de la tablette ; puis ils s'élèvent perpendiculairement de 14 centimètres environ, et s'inclinent de nouveau pour venir se raccorder avec le tuyau d'ascension.

4° D'un tablier construit en briques ou en planches de plâtre, placé derrière le précédent, et supporté par une barre en fer carrée, de 2 centimètres de côté. Les barres des deux tabliers laissent entre elles une fente de 5 millimètres de largeur environ.

L'ensemble de ce tablier et des deux briquetages inclinés forme une hotte où se fait le tirage pour l'échappement de la fumée dans le tuyau d'ascension.

L'air, arrivant de l'extérieur, circule derrière la plaque de fonte placée dans le fond du foyer ; une partie de cet air passe, par la manchette, dans la batterie et s'y échauffe, puis sort, dans l'appartement, par les deux bouches de chaleur placées sur les côtés des montants de la cheminée. L'autre partie vient dans un canal vertical, et, de là, passe dans l'intervalle des deux tabliers, d'où il sort dans dans le foyer, en lame mince et soufflante, par la fente laissée entre les barres qui supportent les tabliers.

L'air, en sortant par cette fente, descend d'abord de 4 ou 5 centimètres dans le foyer, puis remonte, attiré par la grande chaleur que produit dans la hotte le rayonnement du feu ; il s'échappe enfin dans le tuyau d'ascension, en entraînant avec lui la fumée.

LÉGENDE EXPLICATIVE.

FIGURE 1.

Plan au niveau du carrelage, les panneaux de faïence qui forment les côtés du foyer étant enlevés.

P Q R S, embrasure ordinaire de la cheminée.

M M, montants en briques qui forment les parois latérales du conduit existant derrière la pièce de fonte à manchette, placée dans le fond du foyer.

FIGURE 2.

Plan au niveau du carrelage.

P Q R S, embrasure ordinaire de la cheminée.

B B, panneaux de faïence qui rétrécissent le foyer.

M M, montants en briques contre lesquels s'appuyent les panneaux B B et qui forment les parois latérales du canal N N.

C, pièce de fonte portant, à la partie supérieure, une manchette sur laquelle vient s'ajuster celle de la batterie, comme on le voit en G fig. 3.

N N, canal ménagé derrière cette pièce et qui reçoit l'air venant de l'extérieur.

FIGURE 3.

Vue de face de la cheminée suivant la ligne 1, 2 de la fig. 2.

A, tablier de devant en faïence supporté par une barre de cuivre.

F, tablier placé derrière le tablier A, construit en briques ou en planches de plâtre et supporté par une barre de fer carrée de deux centimètres de côté.

B B, panneaux de faïence qui rétrécissent le foyer et forment les côtés du devant de l'intérieur du foyer.

C, pièce de fonte portant une manchette sur laquelle vient s'emmancher la manchette G de la batterie D.

U U, bouches de chaleur.

FIGURE 4.

Coupe suivant la ligne 7, 8 de la fig. 1.

N N N, conduit par où arrive l'air venant de l'extérieur ; ce conduit est formé par les cloisons de briques M M M derrière la pièce de fonte portant à sa partie supérieure une manchette sur laquelle vient se fixer la manchette G de la batterie D et par où passe une partie de l'air traversant le canal N N N.

E E, canal qui reçoit l'autre partie de cet air et le verse dans l'intervalle des deux tabliers d'où il sort en lame mince et soufflante dans le foyer, comme on le voit en J fig. 5.

Y Y Y Y, briquetages montés sur les panneaux de faïence et qui forment la hotte et le rétrécissement au bas du tuyau d'ascension.

D, batterie qui reçoit l'air arrivant de l'extérieur par le canal N N N et par la manchette G.

O I O I, Coudes et tuyaux qui communiquent de la batterie aux bouches de chaleur U U placées sur les côtés des montants de la cheminée.

T, rétrécissement du tuyau d'ascension.

FIGURE 5.

Coupe suivant la ligne 5, 6 de la fig. 2.

N N, canal qui reçoit l'air venant de l'extérieur.

C, pièce de fonte qui forme le fond du foyer et qui porte une manchette sur laquelle s'adapte celle de la batterie D.

O I H, coudes et tuyaux qui font communiquer la batterie aux bouches de chaleur.

A, tablier de devant en faïence.

F, tablier placé derrière le tablier A et construit en briques ou en planches de plâtre.

J, fente laissée entre les barres des deux tabliers A par où l'air sort en soufflant dans le foyer, descend d'abord de quatre ou cinq centimètres, puis remonte, attiré par la grande chaleur que produit dans la hotte le rayonnement du feu, et s'échappe enfin dans le tuyau d'ascension avec la fumée suivant la direction des flèches.

FIGURE 6.

Plan de la batterie vue en dessus, suivant la ligne 9, 10 de la fig. 5.

D, batterie.

OOHHII. Coudes et tuyaux qui font communiquer la batterie aux bouches de chaleur UU.

PLANCHE VI.

CONSTRUCTION D'UNE CHEMINÉE DE CUISINE A CHARBON DE TERRE.

Cette construction se compose :

1° D'un conduit qui amène l'air de l'extérieur et en verse une partie dans un canal ménagé derrière la plaque qui forme le fond du foyer. Il circule en montant derrière cette plaque et entre dans un tuyau qui communique à une bouche de chaleur d'où il se répand dans la cuisine; l'autre partie de l'air arrive dans un tuyau placé sous la grille et percé d'une rangée de trous par où s'échappe l'air nécessaire à la combustion; la quantité d'air qui passe par le tuyau est réglée au moyen d'une clé ;

2° D'une pièce en fonte formant la devanture de la cheminée et percée de six ouvertures dont deux servent à glisser des caisses de provision de combustible, dans la troisième est fixé le devant de la grille, et la quatrième, qui est au-dessous, sert à placer un tiroir en tôle qui reçoit les cendres et au-dessus duquel se trouve le tuyau dont il est parlé dans l'article 1, la cinquième à droite de la grille est l'entrée d'une étuve chauffée par une plaque de fonte formant le côté droit du foyer et la sixième à gauche de la grille est destinée à recevoir un bassin rempli d'eau, qui s'y échauffe par le contact de la plaque de fonte formant le côté gauche du foyer; ce bassin communique au moyen d'un tuyau à un robinet placé sur le côté gauche la cheminée;

3° D'un encadrement en fonte de fer sur lequel viennent s'appuyer deux briquetages formant les côtés de l'entrée du foyer et s'inclinant en avant, à partir du dessous de l'encadrement jusqu'au dessous de la plate-bande de ce point, montant perpendiculairement à une hauteur de vingt centimètres environ, puis s'inclinant de nouveau pour se raccorder avec le tuyau d'ascension ;

4° De deux placards placés de chaque côté de l'encadrement et se fermant au moyen de rideaux en tôle munis de contrepoids.

Un de ces placards sert de cheminée à griller les côtelettes ;

5° De quatre autres placards non fermés et qui servent de dépôt pour divers objets de cuisine.

LÉGENDE EXPLICATIVE.

FIGURE 1.

Plan au niveau de la ligne 3, 4 de la fig. 4, le tuyau placé sous la grille étant supposé enlevé.

PPP, plaque de fonte formant le devant de la cheminée.

C, bassin qui sert à échauffer de l'eau.

C', étuve.

QQ, plaque de fonte formant le fond du foyer.

O, canal qui reçoit l'air venant de l'extérieur.

E, robinet communiquant par le tube UU au réservoir d'eau chaude C.

FIGURE 2.

Plan au-dessus de la grille suivant la ligne 9, 10 de la fig. 3.

DD, placards fermés par des rideaux glissant dans les coulisses ZZZZ et soutenus par des chaînes et contrepoids que l'on voit en YY, fig. 4.

X, grille sur laquelle se fait la combustion.

QQ, plaque de fonte placée derrière la grille et faisant le fond du foyer.

O, canal de passage de l'air venant de l'extérieur et qui se rend dans la cuisine par la bouche de chaleur J de la fig. 3.

FF, encadrement.

YY, tuyaux encastrés dans les montants de la cheminée et où glissent les contre-poids comme on le voit YY dans la fig. 4.

FIGURE 3.

Vue de face de la cheminée suivant la ligne 1, 2 de la fig. 2.

HH, emplacement où l'on met des tiroirs pour provisions de charbon.

I, emplacement du tiroir en tôle qui reçoit les cendres.

B, tuyau en tôle qui reçoit une partie de l'air venant de l'extérieur et qui le souffle sous la grille par une rangée de trous placée de manière que les cendres ne pénètrent pas dans le tuyau comme l'indique la sortie de la flèche du tuyau B, fig. 5.

R, clé qui sert à régler la quantité d'air qui passe dans ce tuyau.

PPPPPP, plaque en fonte formant le devant de la cheminée.

C, porte derrière laquelle est le réservoir à eau chaude.

C', porte de l'étuve.

U, tube qui communique du réservoir C au robinet E.

F, encadrement en fonte DDD et D'D'D' rideaux qui ferment les placards.

MMMM, autres placards ouverts.

J, bouche de chaleur.

A, devant de la grille où se fait la combustion.

FIGURE 4.

Coupe suivant la ligne 7, 8 de la fig. 1, la plaque formant le fond du foyer étant en levée.

HH, emplacement des tiroirs à provision de charbon.

I, emplacement du cendrier.

B, tuyau qui souffle sous la grille une partie de l'air venant de l'extérieur par le canal S, suivant la direction des flèches.

R, clé qui sert à régler la quantité d'air passant par ce tuyau.

X, grille où se fait la combustion.

OOOO, conduit d'air placé derrière la plaque du fond du foyer, et qui conduit l'air venant de l'extérieur dans le tuyau J, à l'extrémité duquel est la bouche de chaleur.

C, emplacement du réservoir à eau chaude.

C', étuve.

D, placard fermé par des rideaux comme on le voit DDD, fig. 3.

D', autre placard servant de cheminée à griller les côtelettes, se fermant par des rideaux D'D'D', comme on le voit fig. 3.

K, cheminée de ce grilloir à côtelettes.

MMMM, placards non fermés.

NNNN, briquetages qui forment la hotte et le tirage ainsi que le rétrécissement au bas du tuyau d'ascension T.

YY, contre-poids et chaîne qui soutiennent les rideaux fermant les placards DD'.

FIGURE 5.

Coupe faite suivant la ligne 5, 6 de la fig. 1.

OOOOO, conduit d'air qui passe derrière la plaque de fonte formant le fond du foyer, et derrière le briquetage qui forme le fond de la hotte.

T, rétrécissement du bas du tuyau d'ascension.

K, entrée de la cheminée du grilloir à côtelettes dans le tuyau d'ascension.

F, encadrement.

A, barreaux de fonte formant le devant du foyer.

X, grille où se fait la combustion.

B, tuyau de tôle ou de fonte qui amène l'air sous la grille.

QQ, plaque de fonte formant le fond du foyer et l'une des parois du canal OOOO.

PLANCHE VII.

CONSTRUCTION DE L'INTÉRIEUR D'UNE CHEMINÉE ORDINAIRE DE CHAMBRE A PETITS PANS COUPÉS ET DESTINÉE A BRULER DU CHARBON DE TERRE.

Cette construction se compose :

1° D'un conduit qui amène l'air de l'extérieur et le verse dans un tuyau en tôle ou en fonte, placé horisontalement sous la grille où l'on met le charbon de terre, et percé d'une rangée de trous par où passe l'air destiné à entretenir la combustion, la quantité d'air qui passe est réglée au moyen d'une clé, et le tuyau est placé de manière que les cendres ne puissent pas, en tombant dans les trous, les obstruer ;

2° D'un encadrement en tôle ou en fer qui supporte la grille et le tablier de devant, et s'ajuste sur les deux petits pans coupés. L'ensemble de ce tablier et des deux petits pans coupés et de l'encadrement, forme le devant de l'intérieur du foyer ;

3° D'une plaque en fonte placée derrière la grille et formant le fond du foyer.

4° De deux briquetages formant les côtés de la grille et montés perpendiculairement jusqu'au-dessus de l'encadrement en fer, puis s'inclinant jusqu'au-dessous de la bande de marbre formant le dessus du cadre de la cheminée ; s'élevant ensuite perpendiculairement de quinze centimètres environ et s'inclinant de nouveau pour se raccorder avec le tuyau d'ascension.

L'ensemble de ces briquetages inclinés et d'un tablier placé derrière le tablier de devant forme une hotte où se fait le tirage pour l'échappement de la fumée dans le tuyau d'ascension.

LÉGENDE EXPLICATIVE DES FIGURES.

|FIGURE 1.

Plan au niveau de la ligne 3, 4 de la fig. 2.

X Y Z U, embrasure ordinaire de la cheminée.

B B,' petits pans coupés formant les côtés du devant du foyer.

D D, encadrement en tôle ou en fer.

C, devant de la grille qui retient le charbon de terre.

I, grille où se fait la combustion.

M M, montants en briques formant les côtés de la grille.

J, plaque de fonte placée derrière la grille et formant le fond du foyer.

FIGURE 2.

Elévation de la cheminée, suivant la ligne 1, 2 de la fig. 1.

B B, petits pans coupés.

A, tablier de devant formant avec les petits pans coupés le devant du foyer.

D D D D, encadrement en tôle ou en fer qui s'ajuste sur les deux petits pans coupés B B et supporte le tablier de devant A.

C, devant de la grille.

F, tuyau en fonte ou en tôle, percé d'une rangée de petits trous par où passe l'air arrivant de l'extérieur et destiné à entretenir la combustion, comme on le voit en F, fig. 5.

a, petit bouton qui reçoit la porte L L qui se place sur le haut de la grille C pour activer la combustion.

E, cendrier.

FIGURE 3.

Coupe faite suivant la ligne 7, 8 de la fig. 4.

E, cendrier,

N, canal qui amène l'air de l'extérieur et le verse dans le tuyau F.

K, clé qui sert à régler la quantité d'air qui passe par ce tuyau.

M M M M, montants en briques formant les côtés de la grille.

O O O O, briquetages placés sur les montants M M M M et qui forment la hotte pour le tirage et le rétrécissement au bas du tuyau d'ascension T.

FIGURE 4.

Plan fait au niveau de la ligne 3, 4 de la fig. 2, la grille où s'opère la combustion étant supposée enlevée.

X Y Z U, embrasure ordinaire de la cheminée.

B B, petits pans coupés formant les côtés du devant du foyer.

C, devant de la grille.

D D, encadrement en tôle ou en fer qui s'ajuste sur les deux petits pans coupés.

N, canal qui amène l'air de l'extérieur et le verse dans le tuyau F.

M M, montants en briques formant les côtés de la grille.

J, plaque de fonte formant le fond du foyer.

FIGURE 5.

Coupe faite suivant la ligne 5,6 de la fig. 4.

E, cendrier.

F, tuyau qui amène l'air de l'extérieur sous la grille, et que l'on fait sortir par la rangée de trous, comme l'indique la flèche I appartient à la grille I, grille où l'on met le charbon de terre.

C, devant de la grille.

D, encadrement.

J, plaque de fonte formant le fond de la grille.

R, briquetages montés sur cette plaque.

A, tablier de devant.

P, tablier placé derrière le précédent.

B, petits pans coupés.

T. tuyau d'ascension.

PLANCHE VIII.

CONSTRUCTION DE L'INTÉRIEUR D'UNE CHEMINÉE DE CHAMBRE A CALORIFÈRE ET A PETITS PANS COUPÉS, DESTINÉE A BRULER DU CHARBON DE TERRE.

Cette construction se compose :

1° D'un conduit qui amène l'air de l'extérieur et le verse dans des passages ménagés derrière une pièce de fonte placée dans le fond du foyer, laquelle forme le fond et les côtés de la grille et qui est recourbée à sa partie supérieure où elle porte une manchette placée sur le derrière ;

2° D'une batterie en tuyaux de fonte ou de tôle, qui s'ajuste sur la manchette de la pièce de fonte dont on vient de parler ;

A sa partie supérieure la batterie porte sur ses côtés deux manchettes sur lesquelles s'assemblent des tuyaux et des coudes qui font communiquer la batterie avec deux bouches de chaleur placées sur les côtés des montants de la cheminée.

3° D'une pièce en fonte formant l'encadrement et le devant de la grille, et sur laquelle viennent s'ajuster trois panneaux en faïence, formant ensemble le devant de l'intérieur du foyer ; ces panneaux s'ajustent entre eux à onglets ;

4° De deux briquetages qui forment le pourtour de l'entrée de la grille et se rattachent à deux autres briquetages placés dans le fond de l'âtre ; ces derniers, montant perpendiculairement jusqu'au-dessous de la plate-bande de la partie supérieure du manteau, puis s'inclinant jusqu'au-dessus de la tablette de la cheminée et s'élevant ensuite perpendiculairement de dix centimètres environ, s'inclinent de nouveau pour se raccorder avec le tuyau d'ascension.

L'air venant de l'extérieur passe dans le canal pratiqué derrière la pièce de fonte formant le fond du foyer, puis il entre dans la batterie et passe dans les tuyaux et coudes assemblés sur les manchettes de cette batterie qui, après cette circulation, communiquent l'air échauffé aux bouches de chaleur qui le versent dans la chambre.

LÉGENDE EXPLICATIVE DES FIGURES.

FIGURE 1.

Plan fait au niveau de la ligne 5, 6 de la fig. 4.

X Y Z S, embrasure ordinaire de la cheminée.

BB, petits pans coupés en faïence.

CC, encadrement en fonte.

I, devant de la grille.

RRR, pièce de fonte formant le fond et les côtés de la grille.

Q, cendrier.

PPP, conduit par où passe l'air venant de l'extérieur.

FIGURE 2.

Plan fait au niveau de la ligne 3, 4 de la fig. 4.

XYZS, embrasure ordinaire de la cheminée.

CC, encadrement en fonte.

I, devant de la grille.

N, grille où se fait la combustion.

M, manchette appartenant à la pièce de fonte qui fait l'entourage de la grille et sur laquelle s'enmanche la batterie.

FF, montants en briques placés dans le fond de l'âtre comme on le voit en FF, fig. 4.

FIGURE 3.

Élévation de la cheminée suivant la ligne 11, 12 de la fig. 2.

Q, cendrier.

R, pièce de fonte formant l'entourage de la grille et du cendrier.

CCCC, encadrement en fonte.

I, devant de la grille.

U, manchettes de la batterie.

V, batterie.

BB, petits pans coupés en faïence.

A, tablier de devant aussi en faïence, supporté par le cadre CCCC, et ajusté à onglets sur les deux petits pans coupés BB.

KK, bouches de chaleur.

FIGURE 4.

Coupe faite suivant la ligne 1, 2 de la fig. 1.

Q, cendrier.

PPPP, canal qui reçoit l'air venant de l'extérieur.

U, manchette de la batterie V.

DDOOGG, tuyaux et coudes qui font communiquer la batterie V avec les bouches de chaleur KK.

EEEE, briquetages supportés par les montants FF, et qui rétrécissent le bas du tuyau d'ascencion T, en formant une hotte où se fait le tirage.

N, grille ou s'opère la combustion.

R, pièce de fonte formant l'entourage de la grille et du cendrier, recourbée à sa partie supérieure et portant une manchette sur laquelle s'assemble la manchette U, de la batterie V, comme on le voit en MU, fig. 5.

FIGURE 5.

Coupe faite suivant la ligne 9, 10 de la fig. 1.

PP, canal qui reçoit l'air venant de l'extérieur.

R, pièce de fonte recourbée à sa partie supérieure et portant une manchette M sur laquelle vient s'ajuster la manchette U de la batterie V.

D G, tuyaux et coudes qui font communiquer la batterie aux bouches de chaleur.

C C, encadrement en fonte.

N, grille ou se fait la combustion.

I, devant de la grille.

Q, cendrier.

T, tuyau d'ascension.

FIGURE 6.

Plan de la batterie, ainsi que des tuyaux et des coudes qui la font communiquer aux bouches de chaleur, suivant la ligne 7, 8 de la fig. 5.

O D G O D G, tuyaux et coudes qui font communiquer la batterie V avec les bouches de chaleur K K.

———————

PLANCHE IX.

CONSTRUCTION D'UN POÊLE-CALORIFÈRE EN FAÏENCE PLACÉ DANS UNE NICHE.

Il se compose :

1° De la face extérieure formant le devant du poêle, composée de 17 pièces en faïence, tant en encoignures qu'en remplissages, et cerclée de trois bandes en cuivre, scellées dans la maçonnerie des côtés ;

2° D'une table en marbre formant le dessus du poêle et percée d'une ouverture sur laquelle est placée une colonne en faïence qui reçoit la fumée venant des passages intérieurs du poêle, et qui la communique au tuyau d'ascension ;

3° D'un conduit qui amène l'air de l'extérieur et le verse sous une plaque de fonte servant de foyer, laquelle est percée de sept ouvertures cylindriques, dans lesquelles viennent sept tuyaux aussi en fonte ; deux autres ouvertures en forme d'ellipse allongée sont aussi percées dans la plaque et reçoivent deux tuyau de même forme. Ces neuf tuyaux sont placés verticalement, et leur extrémité supérieure entre dans des ouvertures d'une plaque de fonte semblable à celle dont on vient de parler ;

4° D'un réservoir à air chaud dont la partie inférieure est formée par cette dernière plaque de fonte, et la partie supérieure par une plaque percée de quatre trous qui reçoivent des tuyaux et coudes faisant communiquer le réservoir à quatre bouches de chaleur. Les côtés du réservoir sont formés par des briquetages ;

5° De deux panneaux en faïence qui achèvent de remplir le creux de la niche, et dans lesquels sont placées les 4 bouches de chaleur dont on a parlé précédemment.

6° D'une porte en fonte ou en tôle dans laquelle est pratiqué une petite ouverture derrière laquelle glisse dans deux coulisses une petite porte qui sert à activer ou à ralentir la combustion.

———————

LÉGENDE EXPLICATIVE DES FIGURES.

FIGURE 1.

Plan suivant la ligne 5, 6 de la fig. 3.

P, porte d'entrée du foyer.

U, plaque en fonte percée de neuf, ouvertures C C C C C C C Q Q qui reçoivent des tuyaux où entre l'air venant de l'extérieur par un canal pratiqué à cet effet.

H H, panneaux en faïence qui terminent de remplir le creu de la niche.

FIGURE 2.

Vue de face du poêle dans la niche.

P, porte du foyer.

U, ouverture dans laquelle glisse une petite porte entre coulisse, qui permet d'activer ou de ralentir la combustion.

H H, remplissage en faïence.

B B B B, bouches de chaleur qui envoient dans la chambre l'air extérieur qui s'est échauffé par son passage dans les tuyaux.

I I I, couvercle du poêle, qui en est séparé par des tasseaux qui laissent passer l'air dessous le couvercle pour empêcher sa rupture.

O, colonne en faïence qui communique la fumée du poêle au tuyau d'ascencion.

G G G G G G, cercles de cuivre qui maintiennent les pièces en faïence et qui sont scellés dans les panneaux H H.

FIGURE 3.

Coupe faite suivant la ligne 3, 4 de la fig. 1.

U U, plaque du foyer, les flèches *a a a a a*, indiquent sous cette plaque l'entrée de l'air venant de l'extérieur dans les tuyaux C C C Q Q.

M, réservoir formé par deux plaques de fonte V V V V, et deux briquetages Z Z, et dans lequel arrive l'air en sortant des tuyaux Q C C C Q.

Cet air entre ensuite dans les tuyaux et coudes F F F F F F F F et sort dans l'appartement par les bouches de chaleur B B B B.

R R R R R, conduit de la fumée qui circule comme l'indiquent les flèches *f*, etc., cette fumée passe autour des tuyaux Q Q C C C puis contre les briquetages Z Z, et de là autour des tuyaux et coudes F F, etc. qui se trouvent dans l'espaces R R R et N N., elle s'échappe enfin dans le tuyau d'ascencion en passant par la colonnne O.

I I, couvercle du poêle qui en est séparé par des tasseaux.

FIGURE 4.

Coupe faite suivant la ligne 1, 2 de la fig. 1.

O, colonne communiquant au tuyau d'ascension.

R R R N, conduits où passe la fumée en suivant la direction des flèches *f f f f*.

P, porte du foyer.

C C, tuyau de circulation de l'air.

F F F F B B, tuyaux et coudes qui font communiquer le réservoir d'air chaud M, avec les bouches de chaleur B B B B que l'on voit fig. 2.

C', tuyau coupé au milieu.

U, plaque du foyer percée de trous, et qui reçoit les tuyaux C, C et C.

V, autre plaque aussi percée de trous qui se place sur les tuyaux C C, et C' et qui forme le réservoir d'air chaud.

I, couvercle du poêle.

PLANCHE X.

Ce poêle se compose :

1° De ses quatre faces extérieures formées de quarante-sept pièces en faïence, maintenues au moyen de cercles en cuivre poli et fermées par des écrous à vis ;

2° D'un dessus de marbre reposant sur des tasseaux qui laissent sous le marbre un intervalle où l'air peut circuler pour empêcher la rupture du marbre ;

3° De six bouches de chaleur placées sur les faces extérieures du poêle et qui lancent dans la pièce l'air venant de l'extérieur, après qu'il s'est échauffé par sa circulation dans les tuyaux et le réservoir que renferme le poêle ;

4° D'un conduit qui amène l'air de l'extérieur et le verse sous une plaque en fonte servant de foyer ;

Cette plaque est percée de neuf ouvertures circulaires dans lesquelles viennent se fixer neuf tuyaux de fonte.

5° D'un réservoir d'air chaud formé par deux plaques de fonte et des briquetages. L'une de ces plaques s'ajuste sur la partie supérieure des tuyaux de fonte dont on vient de parler, l'autre plaque est percée de six ouvertures qui reçoivent des tuyaux et des coudes qui font communiquer le réservoir d'air chaud avec les six bouches de chaleur placées sur les faces du poêle ;

6° D'une porte en fonte ou en tôle, dans laquelle est pratiquée une ouverture derrière laquelle glisse dans deux coulisses une petite porte au moyen de laquelle on peut activer ou ralentir la combustion.

LÉGENDE EXPLICATIVE DES FIGURES.

FIGURE 1.

Plan fait au niveau de la ligne 5, 6 de la fig. 3, au-dessus de la plaque du foyer.

C, porte d'entrée du foyer.

R, plaque en fonte servant de foyer et percée de neuf ouvertures marquées A.

B, passage de la fumée qui correspond au conduit souterrain.

FIGURE 2.

Élévation suivant la ligne 7, 8 de la fig. 1.

C, porte d'entrée du foyer.

Q, petite ouverture derrière laquelle glisse dans deux coulisses une petite porte destinée à activer ou ralentir la combustion.

DDD, bouches de chaleur.

MMMMMM, cercles en cuivre qui maintiennent les panneaux de faïence qui forment les faces extérieures du poêle et qu'on peut serrer ou desserrer au moyen d'écrous à vis.

TT, dessus en marbre.

FIGURE 3.

Coupe suivant la ligne 1 , 2 *de la fig.* 1.

AAA, tuyaux en fonte par où passe l'air arrivant de l'extérieur par le conduit H. Les flèches *a a a* indiquent l'entrée de l'air dans ces tuyaux. RR, plaque en fonte percée de trous qui reçoivent le bas des tuyaux A. RR, autre plaque en fonte qui reçoit la partie supérieure des tuyaux AAA.

E, réservoir d'air formé par les plaques RR et XX.

OO, tuyaux et coudes qui font communiquer l'air du réservoir aux bouches de chaleur DD, qui le verse dans la salle.

GGGG, conduit où passe la fumée, dont le passage est indiqué par les flèches *f*, etc.

TT, dessus du poêle en marbre.

MMMMMM, cercles en cuivre.

H, conduit qui reçoit l'air venant de l'extérieur et pénètre dans les tuyaux AAA, comme l'indiquent les flèches *a a a*.

FIGURE 4.

Coupe faite suivant la ligne 3, 4 *de la fig.* 1.

R, plaque du foyer qui reçoit les tuyaux AAAA, où passe l'air suivant la direction des flèches *a a a a*, dont l'un est coupé au milieu.

E, réservoir où arrive l'air sortant des tuyaux AAAA. Il entre ensuite suivant les flèches *a a* dans les tuyaux et coudes OO ; puis s'échappe dans la salle par les bouches de chaleur DD.

H, conduit qui reçoit l'air venant de l'extérieur.

GGGG, etc. Passages où circule la fumée en suivant la direction des flèches *fff*, etc. Ces passages communiquent au conduit B, où la fumée descend pour venir s'échapper dans le tuyau d'ascension en passant par le conduit souterrain U.

TT, dessus du poêle.

MMMMMM, cercles en cuivre.

C, porte du foyer.

DD, bouches de chaleur.

Q, petite ouverture dans laquelle glisse une porte entre coulisse.

PLANCHE X.

APPAREIL FUMIFUGE.

FIGURES 5, 6, 7.

Cet appareil a pour but de faciliter l'échappement de la fumée et d'en empêcher le refoulement. Il se compose :

1° D'un tube d'ascension qui s'adapte au sommet du tuyau de la cheminée ou du tuyau de poêle ;

2° D'un champignon assemblé sur ce tube d'ascension et percé de huit ouvertures donnant passage à l'air qui rafraîchit le tube d'ascension et qui, dans certains cas, servent d'issues à la fumée ;

3° D'une couronne formée de huit plaques de tôle droite, laissant entre elles huit ouvertures qui sont revêtues à distance par huit plaques de recouvrement, recourbées deux fois d'équerre et qui, sans s'opposer à l'échappement de la fumée, empêchent l'action des vents ;

4° D'un champignon supérieur, surmonté d'un petit tube qui supporte un chapeau, et dans l'intérieur duquel sont rivées les extrémités d'un croisillon;

5° D'une tige verticale en fer, qui porte à son extrémité supérieure une girouette solidaire avec elle ;

Cette tige tourne librement dans le croisillon et dans une crapaudine ménagée au milieu d'une traverse rivée à la partie supérieure du tube d'ascension;

6° D'une plaque semi-cylindrique, fixée au moyen de deux traverses à la tige verticale de la girouette, et tournant conséquemment en même temps que cette dernière.

Jeu de l'appareil

Le vent ayant fait tourner la girouette, mise dans la position indiquée par la figure, la plaque semi-cylindrique est aussi dans la position indiquée ; elle bouche ainsi les ouvertures de la couronne placées du côté du vent, et la fumée s'échappe librement par les autres ouvertures.

LÉGENDE EXPLICATIVE DES FIGURES.

FIGURE 5.

Elévatian de l'appareil.

A, tube d'escension qui s'adapte sur le haut du tuyau de la cheminée ou du poêle.

LL, champignon à huit ouvertures qui donnent passage à l'air qui rafraîchit le tube d'ascension.

CCC, lames droites rivées au champignon LL et au champignon K qui laissent entre elles huit ouvertures autour de l'appareil.

DDDD, lames de recouvrement recourbées deux fois d'équerres et rivées aux champignons LL et K, en laissant entre elles et les lames CCC, des espaces convenables pour l'échappement de la fumée, comme on le voit en CC, fig. 6.

NN, tige verticale portant la girouette J, qui tourne librement dans un croisillon fixé au tube I, comme on le voit en MM, fig. 6.

H, chapeau en tôle, traversé par la tige NN et recouvrant le tuyau I.

FIGURE 6.

Coupe de l'appareil par l'axe du tube d'ascension.

AA, tube d'ascension.

LL, champignon dans lequel est pratiqué huit ouvertures.

EE, traverse rivée à ses extrémités au tube d'ascension portant au milieu une crapaudine dans laquelle tourne la tige verticale NN.

CC, lames droites rivées aux champignons LL et KK.

DD, lames de recouvrement, recourbées deux fois d'équerre et rivées sur les champignons LL, KK.

MM, croisillon traversé par la tige NN qui y tourne librement.

II, petit tube attenant au champignon KK et sur lequel est rivé le croisillon MM et qui supporte le chapeau par l'intermédiaire de trois tiges en tôle.

J, girouette attenant à la tige NN, de manière qu'elle ne peut pas tourner sans entraîner la tige.

BB, traverses rivées à la tige NN et à la plaque semi-cylindrique GG, laquelle est entraînée par la girouette qui commande la tige verticale NN.

FIGURE 7.

Coupe faite suivant la ligne 1, 2, de la fig. 5.

A A. Tube d'ascension.

DDD, etc. Lames de recouvrement.

LL, etc. Champignon à huit ouvertures.

CC, etc. Lames droites, rivées aux deux champignons LL, KK, comme on le voit fig. 6.

B. Traverses rivées à la tige verticale et à la plaque semi-cylindrique GG.

EE. Traverse rivée à ses extrémités au tube d'ascension AA, et munie d'une crapaudine dans laquelle tourne la tige verticale NN, de la fig. 6.

RI DEAU MÉCANIQUE

FIGURES 8, 9, 10.

Ce rideau se compose :

1° D'un cadre, ordinairement en cuivre jaune, rivé sur des coulisses dans lesquelles glisse le rideau ;

2° De trois rideaux en tôle, dont l'inférieur est attaché par une chaîne à un contre-poids. Cette chaîne glisse sur deux poulies fixées à la partie supérieure des coulisses.

Un bouton attaché au rideau inférieur sert à le manœuvrer.

Ce rideau s'emploie ordinairement pour les devantures d'intérieurs de cheminées telle que celles représentées Planche III et IV, il est d'un très bon usage.

LÉGENDE EXPLICATIVE.

FIGURE 8.

Elévation de l'appareil.

DDD. Encadrement en cuivre jaune, rivé aux coulisses RR de la fig. 9.

A A A. Rideaux en tôle qui glissent dans les coulisses RR de la fig. 9.

EEE. Chaîne fixée d'un bout au premier rideau, et de l'autre au contre-poids F qui sert à les lever ou les abaisser.

CC. Poulies sur lesquelles passe la chaîne.

B. Poignée qui sert à manœuvrer les rideaux.

FIGURE 9.

Plan fait suivant la ligne 1, 2 de la fig. 8.

RR. Coulisses dans lesquelles glissent les rideaux AA, et sur lesquelles est rivé l'encadrement DD.

B. Poignée qui sert à faire mouvoir les rideaux AA.

FIGURE 10.

Coupe faite suivant la ligne 3, 4 de la fig. 8.

DD. Encadrement rivé sur les coulisses RR.

A A A. Rideaux.

EE. Chaîne qui fait mouvoir les rideaux.
C. Poulie dans laquelle passe la chaîne EE.
B. Poignée qui sert à manœuvrer les rideaux.

PLANCHE XI.

DIFFÉRENTES CONSTRUCTIONS D'APPAREILS POUR LE SOMMET DES TUYAUX DE CHEMINÉES,
QUI REMÉDIENT AUX DIFFÉRENTES CAUSES QUI LES FONT FUMER.

FIGURE 1.

RÉTRÉCISSEMENT DE LA PARTIE SUPÉRIEURE DES TUYAUX DE CHEMINÉES.

Ce rétrécissement se fait au moyen de briquetages ou de planches de plâtre, et de tuyaux en tôle ou en poterie, de manière que l'ouverture supérieure de ces tuyaux soit de un dixième environ moindre que l'ouverture du tuyau de la cheminée au-dessus du foyer.

DDDD. Briquetages qui forment les tuyaux.

E. Briquetage qui forme le côté extérieur des tuyaux.

AAAAAA. Languettes qui commencent le rétrécissement des tuyaux.

CCB. Bouts de tuyaux en tôle ou en poterie qui achèvent le rétrécissement des tuyaux ; le tuyau B est élevé d'un mètre environ au-dessus des deux autres pour empêcher que la fumée de ceux-ci n'entre dans le tuyau B, quand la cheminée de ce dernier est sans feu et que le vent fait passer la fumée d'un des tuyaux C sur le tuyau B.

ÉLOIGNEMENT D'UN TUYAU DE CHEMINÉE D'UN MUR QUI LE DOMINE. PLANCHE XI.

FIGURE 2.

B. Partie supérieure du tuyau d'ascension, construit contre le mur C.

AAA. Tuyau en tôle, soutenu par la barre de fer B, qui se place sur le tuyau B et s'en éloigne pour que le vent qui vient frapper contre le mur n'entre pas dans le tuyau, ce qui arriverait infailliblement si le tuyau B avait son ouverture près du mur C. On place ordinairement sur ce tuyau AAA l'appareil fumifuge représenté planche X, fig. 5, 6 et 7.

APPAREIL POUR EMPÊCHER LES RAYONS DU SOLEIL DE PÉNÉTRER DANS L'INTÉRIEUR DES TUYAUX ET LES PRÉMUNIR CONTRE LES COUPS DE VENT. PLANCHE XI.

FIGURE 3.

Coupe de cet appareil par le milieu.

GG. Partie supérieure du tuyau d'ascension, construit en briques.

ABCD. Parois coupées de ce tuyau.

FF. Calotte construite en briques et plâtre qui empêche les rayons solaires de pénétrer dans le tuyau GG, et soutenue par des traverses en fer H.

K. Ouverture ménagée au-dessus de la calotte.

OOOO. Petites croisées pratiquées autour de la partie supérieure du rétrécissement du tuyau GG.

N. Couverture en briques de la partie supérieure du rétrécissement et des petites croisées O O O O, laquelle empêche la pluie de pénétrer dans le tuyau G G.

a a. Vide qu'il y a entre la calotte et les petites croisées pour l'échappement de la fumée, comme l'indique la sortie des flèches.

M M M M. Rétrécissement de la partie supérieure du tuyau G G.

E E. Ouvertures formées sur les quatre faces du tuyau G G, et par où sort une partie de la fumée quand le vent la refoule, comme l'indiquent les flèches.

FIGURE 4.

Elévation de l'appareil.

G G. Partie supérieure du tuyau d'ascension.

E E E. Ouvertures pratiquées autour du tuyau G G, et par où s'échappe la fumée quand le vent la refoule.

F. Calotte qui recouvre la partie supérieure du tuyau G G, et empêche les rayons solaires de pénétrer dans ce tuyau.

K. Ouverture pratiquée sur la calotte F.

FIGURE 5.

Coupe en travers de l'appareil.

G G. Partie supérieure du tuyau d'ascension construit en briques.

A B C D. Parois coupées de ce tuyau.

F F. Calotte construite en briques et plâtre, qui empêche les rayons solaires de pénétrer dans le tuyau G G, et soutenue par des traverses en fer I I.

a a. Vide qu'il y a entre la calotte et les petites croisées, par où s'échappe la fumée, comme l'indiquent les flèches.

K. Ouverture ménagée au-dessus de la calotte.

O O O. Petites croisées pratiquées autour de la partie supérieure du rétrécissement du tuyau G G.

E E. Ouvertures pratiquées autour du tuyau, et par où s'échappe la fumée quand le vent la refoule.

FIGURE 6. — PLANCHE XI.

A. Tuyau en tôle à rebord C C, recouvert d'une calotte B, et qui se place sur le sommet des tuyaux de cheminée pour empêcher que la pluie n'entre dans ceux-ci.

APPAREIL NOMMÉ T FUMIFUGE. PLANCHE XI.

FIGURE 7.

A. Tuyau vertical en tôle, avec rebord D D, qui se place sur la partie supérieure d'un tuyau de cheminée.

B. Autre tuyau horizontal ouvert des deux bouts, qui doit être placé dans la direction du vent.

C C. Calotte contre lesquelles le vent vient frapper, et qui éloignent celui-ci du tuyau.

GUEULE DE LOUP.

FIGURE 8.

Élévation de l'appareil et coupe horizontale.

BB. Tuyau en tôle, qui se place sur le sommet du tuyau d'ascension de la cheminée.

CCC. Autre tuyau portant la gueule de loup **DD,** et qui tourne avec la girouette E.

FIGURE 9.

Coupe verticale par le milieu.

BB. Tuyau en tôle, qui se place sur le sommet du tuyau de la cheminée.

GGGG. Traverses en fer, rivées au tuyau BB, et auxquelles est fixée la tige verticale I.

F. Petit tube en cuivre, garni dans sa partie supérieure d'une petite crapaudine en verre, qui tourne sur la partie supérieure de la tige I, en entraînant avec elle la gueule de loup D, attenant au tuyau C.

EE. Traverse en fer, rivée au tube F et au tuyau C, de manière que lorsque la girouette tourne elle entraîne avec elle la gueule de loup D, attenant au tuyau C.

CAPOTTE FUMIFUGE. PLANCHE XI.

FIGURE 10.

A. Tuyau en tôle qu'on place sur le sommet du tuyau d'une cheminée.

B. Capotte en tôle qui doit être placée de manière que son ouverture soit dans une direction perpendiculaire à celle du vent qui fait fumer la cheminée.

FIGURE 11. — PLANCHE XI.

RÉUNION DES TUYAUX DE DEUX CHEMINÉES QUI SE CONTREBALANCENT.

A. Partie supérieure des tuyaux de cheminée construits en briques.

BB. Tuyaux de tôle qui partent chacun de l'un des tuyaux que l'on veut réunir, et qui viennent se réunir en un seul tuyau C, sur lequel on place une gueule de loup, D E, surmontée d'une girouette F.

PLANCHE XII.

CONSTRUCTION D'UN CALORIFÈRE DE GRANDE DIMENSION.

Ce calorifère se compose :

1° D'une cloche en fonte portant par devant un gueulard qui sert d'entrée au foyer, et qui se ferme par une porte en fonte ;

La cloche et le gueulard ont en dessous un rebord qui vient s'ajuster dans une rainure pratiquée dans une pièce en fonte, laquelle est percée au milieu d'une ouverture circulaire ayant au bas une feuillure sur laquelle est posée la grille où se fait la combustion ;

Cette pièce en fonte est supportée par un briquetage circulaire qui vient se raccorder avec les briquetages formant les côtés du cendrier ;

La cloche est percée à sa partie supérieure d'une ouverture à manchette.

2° D'un tuyau à trois embranchements dont l'un à feuillure intérieure vient s'assembler sur la manchette de la cloche; les deux autres embranchements reçoivent deux tuyaux transversaux, dont il sera parlé ci-après;

3° De quatre batteries en tuyaux de tôle, placées horizontalement les unes au-dessus des autres, chacune d'elles formant un carré;

La première est munie de deux tuyaux transversaux, dont il vient d'être parlé ci-dessus, qui viennent s'emmancher sur les deux embranchements du tuyau placé sur la cloche, par lequel ces deux tuyaux reçoivent la fumée qui fait ensuite le tour de cette première batterie, et communique à la deuxième batterie placée au-dessus, au moyen d'un tuyau transversal de double dimension qui la reçoit de droite et de gauche, et qui la communique d'une batterie à l'autre au moyen de deux ouvertures pratiquées de chaque côté de ses extrémités, et munies chacune d'une manchette sur laquelle chaque batterie vient faire sa jonction; de cette manière quand la fumée a fait le tour d'une batterie elle rencontre la jonction du tuyau transversal qui la communique à la batterie supérieure, et ainsi de suite jusqu'à la jonction du dernier tuyau transversal qui la communique au tuyau d'ascension;

4° D'une maçonnerie en briques dont le plan est carré, et qui forme l'enveloppe de l'appareil.

Sur chacun de ses angles, sont placés perpendiculairement des montants en fer formant ainsi les angles de l'enveloppe qui est cerclée au moyen de cinq ceintures en fer, qui maintiennent l'écartement des quatre faces de l'enveloppe, à la partie supérieure de laquelle sont percées vingt ouvertures rectangulaires par où l'air de la pièce dans laquelle est construit le calorifère entre dans celui-ci. Ces ouvertures sont recouvertes par des morceaux de tôle recourbés, qui forment des orifices qui donnent entrée à l'air;

5° D'une chemise en fortes briques, qui part du bas du calorifère, enveloppe la cloche en laissant entre elles deux un espace libre, puis elle monte perpendiculairement jusqu'au dessus du calorifère, et se raccorde avec le tuyau destiné à communiquer l'air chaud aux tuyaux, qui le portent aux bouches de chaleur.

La chemise partage en deux parties l'intérieur du calorifère; l'une d'elles est l'espace compris entre la cheminée et l'enveloppe; la seconde est l'espace intérieur de la chemise.

L'air de la pièce où est construit le calorifère vient passer contre les parois extérieures de l'enveloppe où il commence et s'échauffer; il monte jusqu'aux ouvertures pratiquées à sa partie supérieure, puis il entre dans le calorifère, descend dans l'espace laissé entre l'enveloppe et la chemise en briques, où il continue à s'échauffer par son passage sur les tuyaux de la batterie, puis il passe par des ouvertures pratiquées au bas de la chemise qui entoure la cloche, vient lécher celle-ci et monte ensuite dans l'intérieur de la chemise rectangulaire, où il achève de s'échauffer par son contact avec les tuyaux des batteries, et s'échappe enfin par le tuyau qui le transmet aux tuyaux communiquant aux bouches de chaleur des pièces à échauffer;

6° D'un conduit qui amène l'air de l'extérieur et le verse dans deux tuyaux qui le jettent dans le cendrier, sous la grille où se fait la combustion; deux clefs servent à régler la quantité d'air qui passe par ces tuyaux.

Le cendrier est fermé par une porte en tôle ou en fonte: l'air qui arrive ainsi sous la grille sert pour la combustion, et après avoir été échauffé il passe avec la fumée dans les tuyaux qui font communiquer la cloche avec la première batterie; puis, passe dans toutes les batteries et sort enfin par le tuyau d'ascension.

Ainsi disposé, ce calorifère occupe peu de place, il reçoit l'air à échauffer, de manière que celui-ci parcourt un grand chemin avant de sortir du calorifère, ce qui permet d'échauffer l'air autant qu'on le veut et en grande quantité.

LÉGENDE EXPLICATIVE DES FIGURES.

FIGURE 1.

Plan fait au niveau de la ligne 11, 12 de la fig. 5.

K. Cendrier.

M. Porte qui ferme ce cendrier.

L L. Tuyaux qui amènent l'air de l'extérieur, et le versent dans le cendrier.

I I. Clefs qui servent à régler la quantité d'air qui passe par ces tuyaux.

T T T T T. Ceintures en fer qui maintiennent l'écartement des quatre faces de l'enveloppe en maçonnerie de briques X X X X X.

O O O. Espace laissé entre la chemise qui enveloppe la cloche et le briquetage circulaire qui soutient celle-ci.

J J J J J J J. Ouverture par où l'air qui descend entre l'enveloppe et la chemise, passe dans l'intérieur de la chemise et remonte en léchant la cloche et les tuyaux des batteries.

FIGURE 2.

Plan fait au niveau de la ligne 9, 10 de la fig. 5.

X X X X X. Maçonnerie en briques formant l'enveloppe du calorifère.

T T T T T. Ceintures en fer qui maintiennent l'écartement des quatre faces de cette enveloppe.

Q. Gueulard de la cloche ou entrée du foyer.

V V V. Pièce de fonte dans laquelle est pratiquée une rainure qui reçoit le rebord de la cloche et du gueulard, et qui est percée en son milieu d'une ouverture circulaire, ayant au bas une feuillure qui supporte la grille Z où se fait la combustion.

N. Porte du gueulard.

R R. côtés de la baie de la porte.

O O O. Espace laissé entre la chemise qui enveloppe la cloche et le briquetage ciculaire qui soutient celle-ci.

J J J J J J J. Ouvertures par où l'air qui descend entre l'enveloppe et la chemise passe dans l'intérieur de la chemise en léchant la cloche et les tuyaux des batteries.

FIGURE 3.

Plan fait au niveau de la ligne 13, 14, 15, 16 de la fig. 4.

T T T T T. Ceintures en fer qui maintiennent l'écartement des quatre faces de l'enveloppe en briques X X X X.

P P. Cloche en fonte dans laquelle se fait la combustion.

G G. Tuyaux qui communiquent avec l'intérieur de cette cloche au moyen d'un tuyau à trois embranchements représenté en coupe fig. 5, en Y Y Y.

F F F F. A droite tuyaux de la première batterie.

F F F F. A gauche, tuyaux de la seconde batterie.

H. Tuyau portant près de chacune de ses extrémités des manchettes qui reçoivent les tuyaux F F F F etc., de la première et de la deuxième batterie qui communiquent l'une à l'autre par le moyen de ce tuyau, dont la section est double de celle d'un des tuyaux F, pour que la fumée se partage également de chaque côté de ce tuyau.

S S S S S S, chemise en briques qui force l'air que l'on veut échauffer à parcourir deux fois la hauteur du calorifère.

H, tampon en tôle du tuyau H.

F F, etc..., tampons des tuyaux F, etc.

I I, clefs qui servent à régler la quantité d'air extérieur qui arrive sous la grille où se fait la combustion.

FIGURE 4.

Coupe faite suivant la ligne 7, 8 de la fig. 3 pour la partie du calorifère située au-dessus de la cloche.

X X X X X X, maçonnerie en briques formant l'enveloppe du calorifère.

L. Tuyau qui reçoit l'air de l'extérieur et le verse dans le cendrier sous la grille comme l'indique la sortie des flèches.

V, pièce de fonte sur laquelle est posée la cloche P.

O O O, espace laissé entre la cloche P et la partie de la chemise en briques S S S S, qui enveloppe cette cloche.

J, ouvertures qui font communiquer l'air descendant dans l'espace laissé entre la chemise S S S S et l'enveloppe X X, etc.., avec l'intérieur de la chemise comme l'indiquent les flèches.

Q, gueulard de la cloche P.

R, côté de la baie de la porte du gueulard.

N, porte du gueulard.

Y, tuyau à trois embranchements qui fait communiquer la cloche P, avec les batteries F F F F F.

H H H, tuyaux qui font communiquer ces batteries l'une à l'autre.

A A, Tuyau qui fait communiquer la dernière batterie au tuyau d'ascension.

B, tampon de ce tuyau.

T T..., etc., ceintures en fer qui maintiennent l'écartement des quatre faces de l'enveloppe X X X X X X.

D D, ouvertures par où l'air entre dans le calorifère.

E E, couvercles en tôle placés au-dessus de ces ouvertures.

C, tuyau qui reçoit l'air échauffé dans le calorifère, et le communique aux tuyaux qui le portent aux bouches de chaleur.

H' H' H', tampons des tuyaux H H H.

F' F', etc., tampons des tuyaux F F, etc.

K, cendrier.

U, canal qui amène l'air de l'extérieur et le verse dans le tuyau L, et s'échappe sous la grille comme l'indiquent les flèches.

FIGURE 5.

Coupe faite suivant la ligne 3, 4, 6, 5 de la fig. 4.

X X X X X X, maçonnerie en briques formant l'enveloppe du calorifère.

T T, etc..., ceintures en fer qui maintiennent l'écartement des quatre faces de cet enveloppe.

K, cendrier.

Z, grille où se fait la combustion.

V V, pièce de fonte portant une feuillure sur laquelle est placée la grille Z.

P, cloche en fonte qui recouvre la grille et posée dans la rainure de la pièce de fonte V V.

S S S S, chemise en fortes briques, qui part du bas du calorifère, enveloppe la cloche P, et monte ensuite perpendiculairement jusqu'au-dessus du calorifère.

O O, espace laissé entre la cloche P et la chemise dont on vient de parler.

J J, ouverture qui fait communiquer à l'espace O O l'air qui descend entre l'enveloppe X X X X etc., et la chemise S S S S, et l'envoie ensuite dans l'intérieur de la chemise où il achève de s'échauffer par son contact avec les tuyaux des batteries.

Y Y Y, tuyau à trois embranchements qui est placé sur la cloche, et reçoit les deux tuyaux G G qui communiquent la fumée à la première batterie.

F F F F F F, tuyaux des batteries.

H H H, tuyaux qui font communiquer ces batteries entre elles.

A, tuyau qui fait communiquer la dernière batterie au tuyau d'ascension de la fumée.

F' F', etc..., tampons des tuyaux F F, etc.

G' G', tampons des tuyaux G G.

D D, ouvertures par où l'air entre dans le calorifère en suivant la direction des flèches *a a*, etc.

E E, couvercles en tôle qui recouvrent ces ouvertures.

C, tuyau qui reçoit l'air échauffé dans le calorifère et le transmet aux tuyaux qui le communiquent aux bouches de chaleur.

FIGURE 6.

Elévation du calorifère suivant la ligne 17, 18 de la fig. 2.

X X X X X X, parois extérieures de l'enveloppe du calorifère construite en briques.

T T, etc., ceintures en fer qui maintiennent l'écartement des quatre faces de cette enveloppe.

F' F', etc., tampons des tuyaux des batteries.

H' H' H', tampons des tuyaux qui font communiquer les batteries entre elles.

M, porte du cendrier.

N, porte du gueulard.

R R, côtés de la baie de la porte N.

E E, couvercle en tôle des ouvertures par où l'air entre dans le calorifère.

A A, tuyau qui fait communiquer la fumée de la dernière batterie au tuyau d'ascension.

B, tampon de ce tuyau.

C, tuyau qui reçoit l'air échauffé dans le calorifère et le communique aux tuyaux qui le portent aux bouches.

FIGURE 7.

Plan fait au niveau de la ligne 1, 2 de la fig. 4.

F F, etc., tuyaux des batteries.

G G, tuyau enmanché sur le tuyau a trois embranchements Y Y Y vue en coupe, fig. 5.

P P, cloche en fonte.

A A, tuyau qui fait communiquer la dernière batterie au tuyau d'ascencion de la fumée.

X X, etc., maçonnerie en briques qui forme l'enveloppe du calorifère.

D D, etc., ouvertures pratiquées dans cette enveloppe et par où l'air entre dans le calorifère.

I I, clefs qui servent à régler la quantité d'air qui passe par les tuyaux qui l'amènent de l'extérieur sous la grille où se fait la combustion.

F' F', etc.., tampons des tuyaux F F, etc....

H', tampon du tuyau H.

G' G', tampons des tuyaux G G.

S S S, chemise en briques.

T T, etc..., ceintures en fer qui maintiennent l'écartement des quatre faces de l'enveloppe.

OBSERVATIONS.

Il faut au moins un carré de 50 centimètres de côté pour l'entrée de l'air dans la pièce ou sera construit ce calorifère, mais ordinairement on l'établit dans les caves.

FIN.

Pl. I.

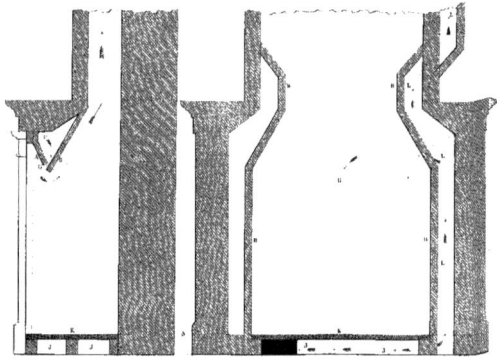

Fig. 1.

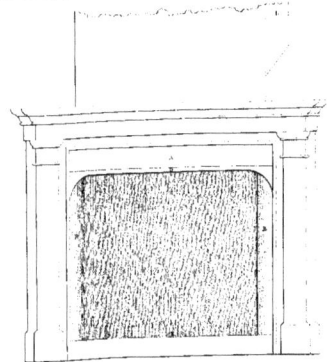

Fig. 2.

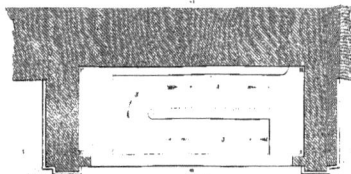

Fig. 3.

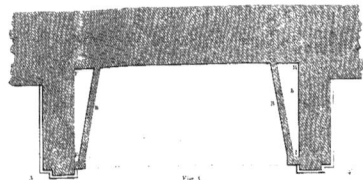

Fig. 4.

Pl. II

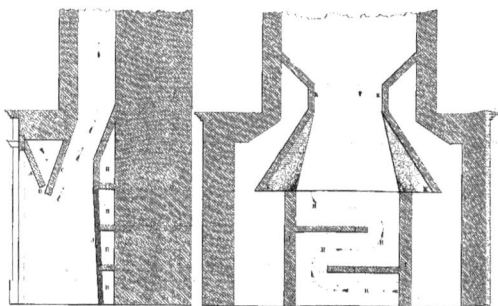

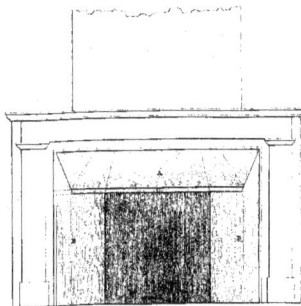

Fig. 5. Fig. 4. Fig. 2.

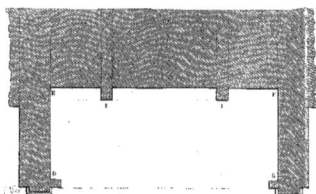

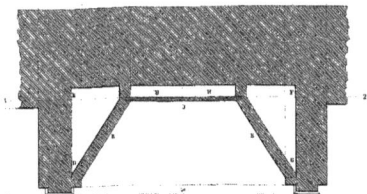

Fig. 3. Fig. 1.

Pl. 3.

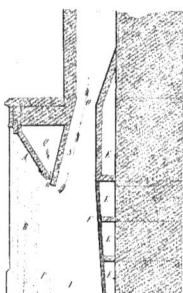

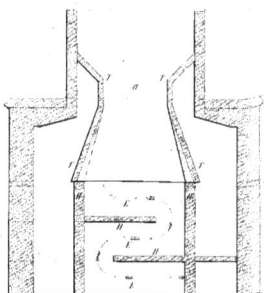

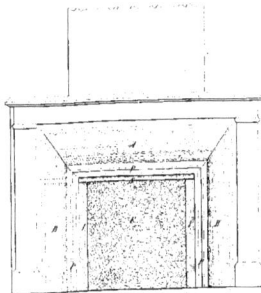

fig. 3.

fig. 4.

fig. 2.

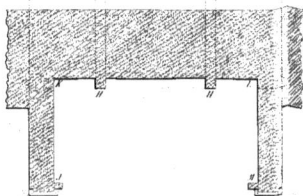

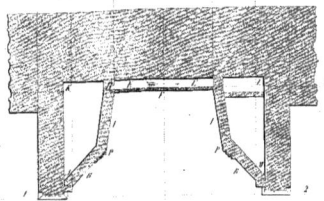

fig. 3.

fig. 1.

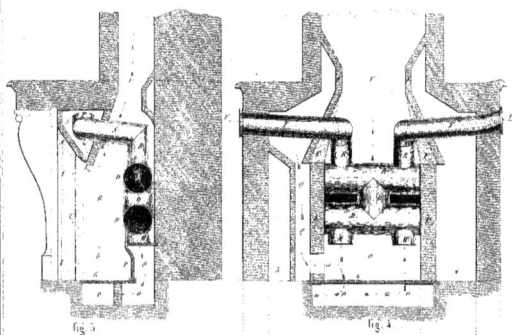

fig. 5.

fig. 4.

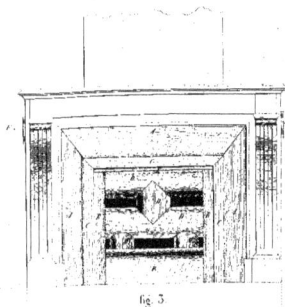

fig. 3.

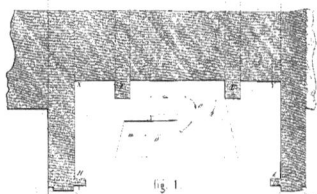

fig. 1.

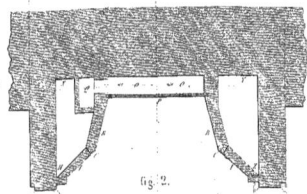

fig. 2.

Pl. 5

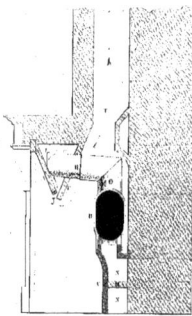

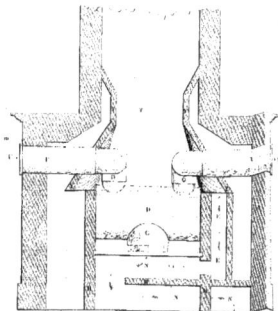

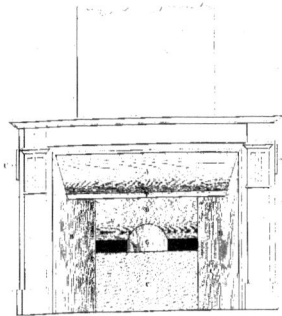

Fig. 3.   Fig. 4.   Fig. 5.

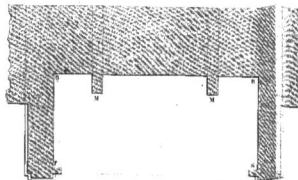

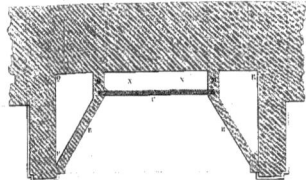

Fig. 6.   Fig. 1.   Fig. 2.

J. Foucou   Lith. Thierry

Pl. VI

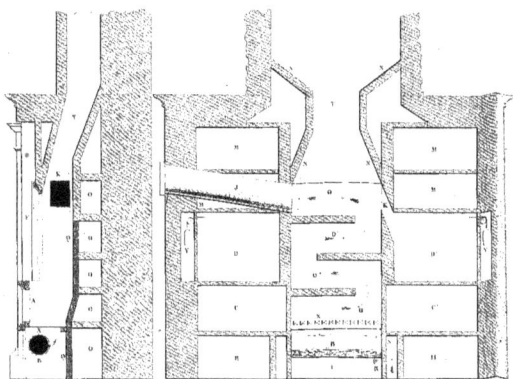

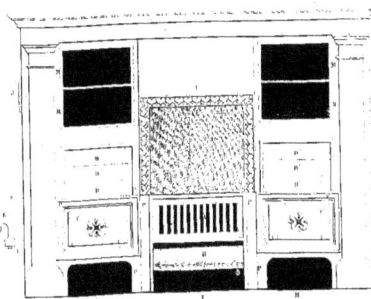

Fig. 3.   Fig. 4.   Fig. 5.

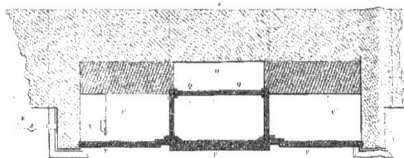

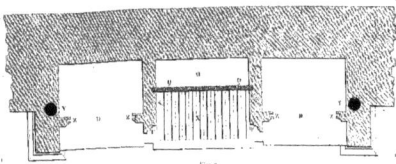

Fig. 1.   Fig. 2.

J. Pinard.

Fig. 1   Fig. 3   Fig. 2

Fig. 4   Fig. 5

Dessiné par Lehnert.   J. Pascal   Lith. Thierry

Pl. VIII

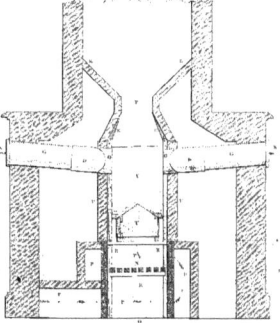

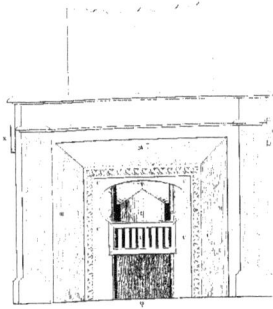

Fig. 3.

Fig. 4.

Fig. 2.

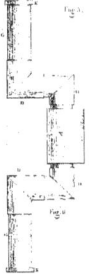

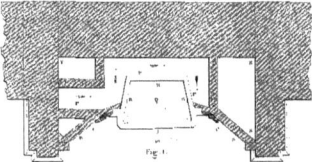

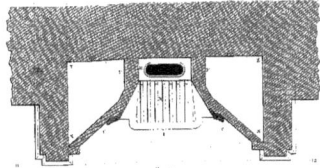

Fig. 6.

Fig. 4.

Fig. 5.

Pl. IX.

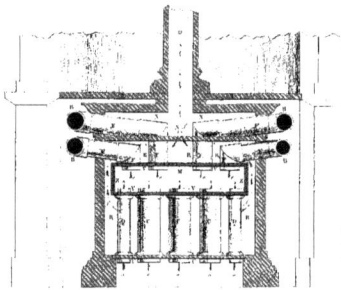

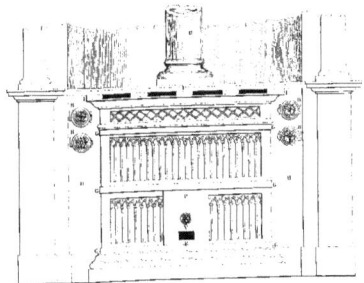

Fig. 3.

Fig. 2.

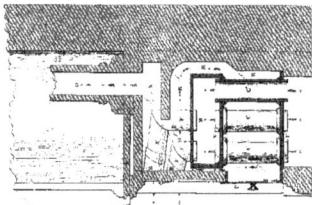

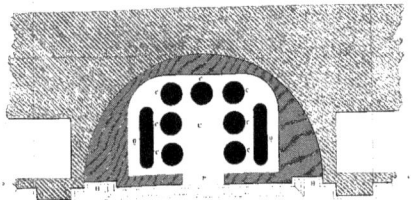

Fig. 4.

Fig. 1.

Dessiné par F. Delamonce. fait d'après —   J. Durand.   Lith. Bureau de Lyon.

Pl. X.

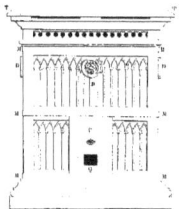

Fig. 1

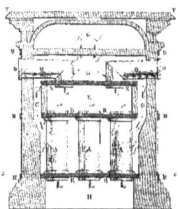

Fig. 2

Fig. 5

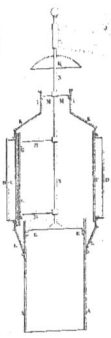

Fig. 6

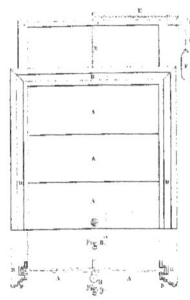

Fig. 8

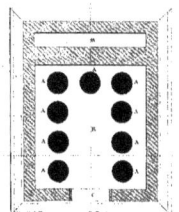

Fig. 3

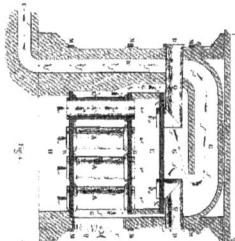

Fig. 4

Fig. 7

Fig. 10

Pl. XI.

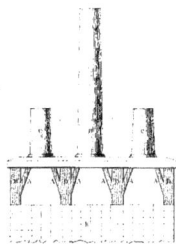

Fig.1.

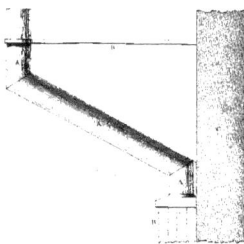

Fig.2.

Fig.10.

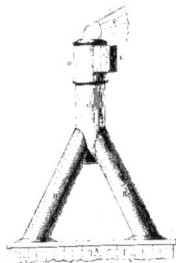

Fig.11.

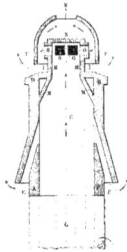

Fig.3.

Fig.4.

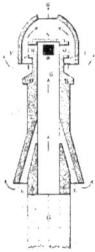

Fig.5.

Fig.6.

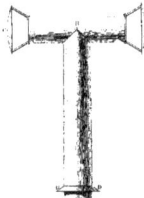

Fig.7.

Fig.8.

Fig.9.

Pl. XII.

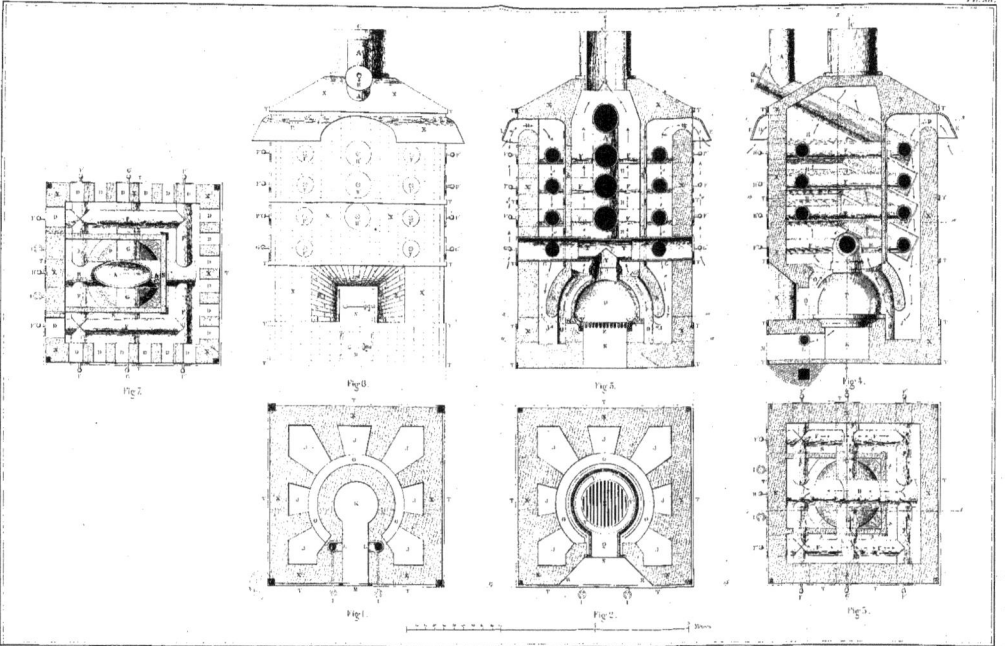

Fig. 3.

Fig. 6.

Fig. 5.

Fig. 4.

Fig. 1.

Fig. 2.